如何办个赚钱的肉兔家庭养殖场

◎罗文华　周勤飞　周　玲　主编

中国农业科学技术出版社

图书在版编目（CIP）数据

如何办个赚钱的肉兔家庭养殖场／罗文华，周勤飞，周玲主编．—北京：中国农业科学技术出版社，2015.4

（如何办个赚钱的特种动物家庭养殖场）

ISBN 978－7－5116－1978－5

Ⅰ.①如…　Ⅱ.①罗…②周…③周…　Ⅲ.①肉用兔－饲养管理　Ⅳ.①S829.1

中国版本图书馆 CIP 数据核字（2015）第 007941 号

选题策划　闫庆健
责任编辑　闫庆健　孟宪松
责任校对　贾晓红

出 版 者　中国农业科学技术出版社
北京市中关村南大街 12 号　邮编：100081
电　　话　（010）82106632（编辑室）　（010）82109704（发行部）
（010）82109709（读者服务部）
传　　真　（010）82106625
网　　址　http://www.castp.cn
经 销 者　各地新华书店
印 刷 者　北京华忠兴业印刷有限公司
开　　本　850mm ×1 168mm　1/32
印　　张　8.25
字　　数　211 千字
版　　次　2015 年 4 月第 1 版　2015 年 4 月第 1 次印刷
定　　价　28.00 元

《如何办个赚钱的肉兔家庭养殖场》编委会

主　编：罗文华　周勤飞　周　玲

副主编：黄　勇　戴荣国　曹　兰　陈　英

编　者：刘佳霖　罗文华　杨金龙　周勤飞
陈　英　高丽娇　周　玲　黄　勇
曹　兰　戴荣国

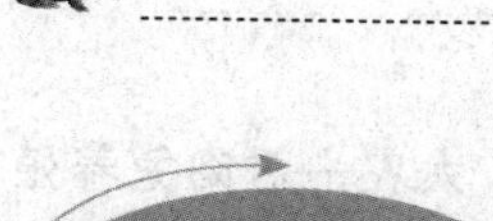

前　言

我国养兔业历史悠久，人们经过长期的实践，积累了丰富的生产经验，而且还培育出了很多优良的家兔品种。我国是世界第一养兔大国，肉兔数量和兔肉产量均居世界第一。我国人多地少，发展节粮型养兔业是我国畜牧业的发展方向，对增加农民收入、改善人们生活、发展农村经济、拓展国际贸易都具有十分重要的意义。

肉兔个体小、繁殖快、食草节粮、饲料报酬高。俗话说“飞禽莫如鸪，走兽莫如兔”，兔肉营养丰富、味道鲜美，而且蛋白质和赖氨酸含量高、脂肪和胆固醇含量低，是理想的健康肉食品，深受高血压、高血脂、糖尿病人群的喜爱，具有很大消费需求，发展肉兔业前景广阔。

我国肉兔业正稳步快速发展，肉兔养殖数量和兔肉产量均居世界第一。我国兔产品加工业逐渐增强，产品种类迅速增加，进一步促进了肉兔养殖业的发展。养殖肉兔投资少、见效快，是农村脱贫致富的好门路。我国肉兔养殖多种规模并存，适度规模的家庭肉兔养殖场是我国肉兔养殖业的主要

组成部分，已迅速发展起来。为了满足广大农户对肉兔养殖技术的需求，编者组织编写了本书。本书总结了编者多年从事肉兔教学、科研和生产的经验，吸收了近年来国内外先进的肉兔养殖技术和科技成果，既有编者的亲身实践，也有肉兔养殖户的典型经验；包括肉兔的发展概况及市场前景、肉兔的特征与引种、肉兔家庭养殖场的筹建、肉兔饲养实用技术、肉兔常见病的诊治与预防、肉兔产品的生产加工、肉兔养殖场筹建的成本核算及预计收益和成功案例八个篇章。内容丰富，语言朴实，浅显易懂。既有丰富的实用技术，又有一定的基础理论，实用性强。可供广大的养兔爱好者及基层畜牧兽医人员学习和参考。

由于编者的水平有限，书中难免存在不妥之处，敬请同行及广大读者予以批评指正，在此表示衷心感谢！

编者

2014 年 8 月

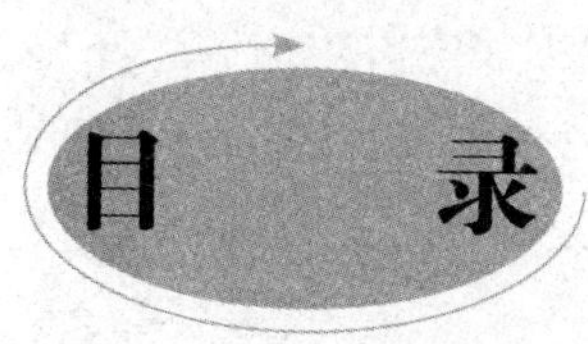

目 录

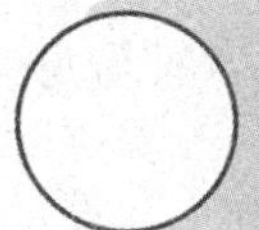

绪　论

我国自古以来就有养兔的传统，早在公元前的殷商时期就有养兔的历史记载，而大规模的商品兔生产则起始于20世纪50年代中后期，主要是由于我国肉兔对外出口量的增加。近年来，我国肉兔养殖呈现出迅速发展的趋势，虽然市场不时波动，但整体仍在不断地发展。随着生活水平不断改善，人们越来越关注食品健康，兔肉具有“四高四低”的营养特点，即：高蛋白质、高赖氨酸、高磷脂、高消化率，低脂肪、低胆固醇、低热量、低脲酸，被人们誉称为“益智肉”、“美容肉”、“健康肉”等，并且兔肉鲜嫩可口、味美质高、深受广大消费者特别是患有动脉粥样硬化、高血压和心脏病的病人喜爱，因此，肉兔的消费量和需求量逐步增高。

家庭养殖肉兔是我国的传统习惯，人们在长期的养殖过程掌握了基本的养殖技术，积累了丰富的养殖经验。肉兔家庭养殖场规模小、投资少、风险小、见效快、效益高，是农户增收致富的好途径。在农村，有大量的农作物秸秆和粮食可以用作兔饲料，而兔粪又可以为农作物提供肥料，促进农作物增收。家庭养兔需要的劳动力少，劳动强度不大，老

人、妇女均可进行养殖，所以，近年来肉兔家庭养殖场不断发展，数量也迅速增加。但是，肉兔养殖是一种复杂的、技术含量较高的行业，要想赚钱就必须掌握好养殖技术，做好兔场的生产经营工作。

第一章　肉兔的发展概况及市场前景

第一节　肉兔的起源

公元前1100年，腓尼基人在西班牙半岛发现了一种栖息在洞穴里的野兔并开始食用，随后南欧人和北非人开始捕捉野兔进行食用，到16世纪初，在法国等地开始驯化野兔进行人工饲养和繁殖；随着人们生活水平的提高，兔肉需求量的迅速增加，人们逐渐掌握了兔的饲养技术，许多国家逐步开始了家庭养兔业。首先进行兔家庭养殖的是法国、意大利和西班牙，其次是德国、比利时、荷兰、瑞士等国家。到20世纪70年代，意大利、法国等国家开始了家兔的专业化、集约化生产，大大促进了世界肉兔业的发展。世界养兔国家已由1992年的106个，增加到2000年的190多个。世界家兔年饲养量已超过15亿只，其中，肉兔约占94%。

第二节　世界肉兔的发展概况

21世纪以来，世界肉兔产业迅猛发展，各国越来越重视肉兔的生产，并得到了世界粮农组织的大力支持。目前，世界兔肉总产量每年大约200万吨，人均消费兔肉约0.3kg，兔肉的消费潜力巨大。兔肉的主要生产大国有：中国、法国、

俄罗斯、意大利和西班牙。5个产肉大国的年产量占到了全世界兔肉年总产量的70%～80%。意大利、西班牙和法国的兔肉约65万吨，俄罗斯、乌克兰、匈牙利约43万吨，亚洲主要以中国为主，约55万吨，其他国家约26万吨。世界兔肉年贸易量6万～7万吨；兔肉进口国主要有：法国、意大利、德国、比利时、瑞典等；传统的兔肉消费市场主要在欧盟各国，尤其是意大利、比利时、法国、英国、德国、荷兰等国自产兔肉不足，需要大量进口。近几年日本、韩国及东南亚地区兔肉需求量激增，进口量也较大。

近年来，世界先进国家肉兔业呈现出以下显著的生产特点：首先，在发展家庭养兔的同时，出现了高度集约化、现代化的养兔场，全封闭、自动化、高密度是其现代兔场的显著特征，肉兔生产已由粗放型逐渐向集约化、现代化方向转变；其次，肉兔饲料类型已由原来的以干草饲料为主的饲料过渡到全价配合饲料或颗粒饲料，饲喂更加方便，营养更加全面、效果更加显著；最后，肉兔生产已由原来的纯种选育向多品种配套系、经济杂交方向发展。广泛进行三系配套或四系配套生产，充分利用育肥性能突出的父系品种，与繁殖性能优良的母系品种进行杂交，从而获得具有良好育肥性能和经济效益的商品肉兔。

世界发达国家虽然肉兔养殖技术先进、生产设备精良，饲料成本较低，但是，其劳动力逐年减少，人工成本不断提高；另外，大型养殖场的发展势必给环境带来污染，环境保护和动物福利的投入也逐渐增大，其肉兔产业的发展缺乏强劲竞争力。而发展中国家劳动人口多、小规模的养兔技术较成熟、有丰富的牧草和秸秆资源，劳动力、养殖设备投资、饲料成本均较低，适度规模的肉兔生产投资少、见效快、效益高，已成为发展中国家肉兔养殖得天独厚的优势。

第三节　我国肉兔业的发展概况

我国是世界上养兔最早的国家，也是世界上养兔数量最多的国家，我国目前家兔的饲养量已超过 2 亿只，占世界养兔总数的 1/4，且兔肉产量和出口量均居世界第一。中国兔肉年产量约 46 万吨，但是，人平均消费却只有 0. 35kg，略高于世界平均消费量，与马尔他人平均消费 8. 89kg 和意大利 5. 59kg 差距甚远，与葡萄牙、法国、白俄罗斯等国家也有一定差距。

中国历来就有养兔的习惯，养兔业是我国传统的农副业，从 20 世纪 80 年开始得到了快速发展，1985 年，中国肉兔产量仅 5 万吨，1987 年就翻了一番，达到 10 万吨，1993 年又在 1987 年的基础上翻了一番，到 21 世纪初我国的兔肉产量达到 40 万吨以上，平均每 10 年我国兔肉产量就翻一番，中国肉兔产业正处于快速发展阶段。

目前，我国肉兔多种养殖规模并存，但以大户规模为主体，中型和散户次之，大型和超大型规模最少，这种局面将在一定时间内长期保持。我国肉兔养殖主要分为 3 种养殖模式：即庭院式养殖、规模化养殖及工厂化养殖。前两种肉兔养殖模式每只母兔年均繁殖 6 ~7 窝，每只母兔年均出栏商品肉兔 30 只左右；工厂化养殖模式每只母兔年均繁殖 7 ~8 窝，每只母兔年均出栏商品肉兔 50 只左右。中国肉兔主要分布在

四川、重庆、河北、河南、江苏、山东和山西等省市，其兔肉生产量约占全国总产量的80%以上；中国饲养的肉兔品种主要有日本大耳兔、新西兰白兔、花巨兔、加利福尼亚兔、青紫蓝兔、垂耳兔、比利时兔、艾哥肉兔配套系、齐卡肉兔配套系、中国白兔、哈尔滨白兔、塞北兔、福建黄兔、太行山兔、豫丰黄兔、安阳灰兔等。

据2010年联合国粮农组织（FAO）公布的数据，我国兔肉产量约70万吨，约占世界兔肉产量的42.6%，但是，我国兔肉的产量仅占全国肉类总产量的0.83%。我国的人均消费兔产品的数量还很低，无论从兔肉占肉类总产量的比例，还是人均兔肉消费量来看，我国肉兔产业的发展空间还相当大。另外，我国的生产水平还远远落后于欧洲养兔发达的国家，他们的种母兔年均产子8~9窝，每只种母兔年出栏商品肉兔可达到55~60只，而我国大多数的养兔场的生产水平还较低，种母兔年均繁殖5~6窝，年均出栏商品兔25~30只，差距明显。

多年来，我国几乎所有的优良种兔都是从国外引进，成为了是世界第一种兔引种大国，一直重复着引种、品种逐渐退化、再次引种的生产模式。我国兔饲料达不到标准是制约我国兔业的一个非常突出的问题，我国没有一个切实可行的国家标准和行业标准，在饲养高生产性能的配套系良种时，生产性能受到严重影响，表现更为明显。在没有一个严格标准控制的情况下，养殖者一味地追求价格低的饲料、降低饲料成本而忽视营养指标，结果生产性能的下降反而增加了单位生产成本。

我国肉兔产品加工及区域具有明显生产优势。我国传统的肉兔养殖大省如四川、山东、江苏、河南、河北、重庆和福建将快于其他省市的发展，肉兔生产仍将保持明显的优势；我国肉兔以鲜货销售为主的局面将逐步改变，目前，我国肉兔加工比例小，产品附加值低，而深加工产品价格高、利润丰厚，因此，兔肉加工将越来越受到人们的重视，兔肉加工技术也逐步推广运用，为工厂化生产提供了技术保证，另外，兔肉加工也受到了其他行业企业家的关注，资本投入逐渐增加，对拉长肉兔生产链条，促进肉兔生产产生了积极的推动作用。国内肉兔销售市场发展极不平衡，产品流通较为混乱，产品市场开发滞后成为制约肉兔业持续发展的一个主要因素。

我国适度规模养殖将逐渐成为主流。肉兔散养户在强烈的市场竞争中逐渐淘汰；大规模和超大规模养殖兔场由于对养殖技术、养殖设备和管理水平要求很高，其经济效益并不太理想；而大户规模的家庭肉兔养殖场基础母兔数量适宜，对养殖技术、环境条件要求不是那么苛刻，因此，适度规模的肉兔家庭养殖场将成为今后一段时期肉兔生产的发展方向。

第四节　肉兔家庭养殖场发展前景

一、符合畜牧业的发展方向

肉兔常年以青粗饲料为主，饲料中粮食的配比平均还不到30%，饲草占其全价日粮的40%～50%；我国有丰富的饲草资源，特别是南方地区牧草、秸秆数量大，且利用率低，

是养殖肉兔较好的饲料资源；另外，肉兔耗料少，产肉量多，用同样数量的饲料饲喂兔和牛，兔肉的产量可达到牛肉的5倍，因此，肉兔业是我国发展节粮型畜牧业、缓解人畜争粮矛盾的主要措施，符合我国的基本国情和畜牧业的发展方向。

二、养殖投资少、见效快

肉兔是多胎动物，繁殖快、生产周期短。每胎可产7~8只，每年可产7~8胎，年产仔数达到40只以上，因此，养殖肉兔比其他畜禽更容易见到效益；同时，家庭肉兔场投资较小，一般的农户均可以投资，而且，生产场地要求不高，农村还有丰富的秸秆做为青粗饲料，对发展养兔十分有利。

三、养殖风险小

我国肉兔生产已进入由粗放型生产到精细化生产、由零星散养向适度规模化饲养、由家庭副业型向专业化养殖的过渡时期。养殖肉兔可根据养殖户的实际情况进行投资，养殖规模可根据投资金额、养殖场地和个人的养殖技术而定，养殖规模可大可小，灵活掌握。刚开始养殖肉兔的养殖户，如果没有养殖经验，可小规模饲养；掌握一定养殖技术的养殖户应根据各自的情况进行适度规模饲养，以避免养殖风险；只要不是一味地追求养殖规模，在目前肉兔市场基本稳定的情况下，养殖肉兔风险较小。

四、市场前景好

兔肉蛋白质含量高，约21%，脂肪含量低，仅为8%，是典型的保健肉。我国兔肉消费量低，与兔肉消费大国相比差4~5倍，随着我国经济的大力发展，人民生活水平的不断提高，对生活品质的要求越来越高，因此，人们对兔肉的消费越来越大，极大地促进了肉兔业地快速发展。另外，虽然近年来兔肉加工业正逐渐兴起，产品加工不仅限于冷冻肉和冷鲜肉，各种兔肉加工产品不断地开发出来，加工方式也在不断的增加，扩大了人们对兔肉的消费渠道。同时，肉兔产品出口无论是品种，还是数量均在稳步上升，因此，肉兔养殖业市场前景广阔、极具发展潜力。

第二章 肉兔的特征与引种

第一节 肉兔的品种特征

一、国外引进品种

（一）新西兰白兔

新西兰白兔（New Zealand rabbit）原产于美国，是当代著名的中型肉用品种，也是常用的实验兔，由弗朗德兔、美国白兔和安哥拉兔等杂交选育而成。新西兰白兔是新西兰兔种中一个最重要的变种，此外，还有红色种和黑色种。红色新西兰兔约在1912年前后于美国加利福尼亚州和印第安纳州同时出现，系用比利时兔和另一种白色兔杂交选育而成。黑色新西兰兔出现较晚，是在美国东部和加利福尼亚州用包括青紫蓝兔在内的几个品种杂交选育而成。

1. 体型外貌：白毛红眼（白化兔）；体型中等，头粗重，耳短直立，耳背边缘毛密；背宽，腰肋肌肉丰满，后躯发达，臀圆；四肢粗壮有力，脚底垫毛厚，有粗毛，耐磨，可防脚皮炎，很适于笼养；公母兔均有较小的肉髯；成年体重母兔4.5～5.4kg，公兔4.1～5.4kg，中型肉用品种。

2. 生产性能：

（1）3 月龄前生长速度快，40 日龄体重 1 ~ 1.2kg，65 日龄体重达 2kg。

（2）产肉性能好，屠宰率 50% ~ 55%，肉质细嫩。

（3）繁殖力强，母兔最佳配种年龄 5 ~ 6 月龄，年产 5 胎以上，胎均产仔 7 ~ 9 只。

（4）在 1949 年就引进我国，适应性和抗病性强，性情温顺，易于管理，饲料利用率（3.0 ~ 3.2）：1。

（二）加利福尼亚兔

加利福尼亚兔（Californian rabbit）原产于美国加利福尼亚州，又称加州兔。育成时间稍晚于新西兰白兔，用喜马拉雅兔和青紫蓝兔杂交，从青紫蓝毛色的杂种兔中选出公兔，再与新西兰白兔母兔交配，选择喜马拉雅毛色兔横交固定进一步选育而成。

1. 体型外貌：全身被毛以白色为基础，鼻端、两耳、四脚及尾部被毛为黑色或黑褐色，故又称其为“八点黑”兔，其黑色的深浅随年龄、季节、温度和营养条件的变化而呈现出规律性变化。被毛丰厚平齐，富有光泽，红眼，头清秀，颈粗短，耳小而直立，公母兔均有较小的肉髯；胸部、肩部和后躯发育良好，肌肉丰满。体型中等，成年体重母兔 3.5 ~ 4.8kg，公兔 3.6 ~ 4.5kg。

2. 生产性能：

（1）早期生长发育快，2 月龄体重 1.8 ~ 2kg，成年母兔体重 3.9 ~ 4.8kg，公兔 3.6 ~ 4.5kg。

（2）产肉性能好，屠宰率 52% 以上，肉质鲜嫩。

（3）繁殖性能好，母性好，泌乳力高，育仔能力强，是著名的“保姆兔”，年产7～8胎，胎产仔7～8只，产仔数稳定，仔兔发育均匀。

（4）遗传性稳定，目前国内外多用它与新西兰兔杂交，其杂种后代56日龄体重可达1.7～1.8kg。

（5）适应性好、抗病力强，是改良本地肉兔性能较好的育种材料。

（三）比利时兔

比利时兔（Belgian rabbit）是一个古老的品种，由比利时贝韦伦一带的野生穴兔改良选育形成，最初为观赏品种，后由英国育种学家选育成为大型肉兔品种。

1. 体型外貌：外貌酷似野兔，被毛呈深红带黄褐色或胡麻色，整根毛的两端色深，中间色浅，体格健壮，头似“马头”，颊部突出，额宽圆，鼻梁隆起，颈粗短，肉髯不发达，眼黑色，耳较长，耳尖有光亮的黑色毛边，尾内侧黑色，体躯较长，后躯较高，四肢粗大，胸腹紧凑，被毛质地坚韧，紧贴体表，腿长，体躯离地较高，被誉为兔中的“竞走马”。体型大，成年公兔5.5～6.0kg，母兔6.0～6.5kg，最高可达7～9kg。

2. 生产性能：

（1）生长速度较快，仔兔初生重60～70g，最大可达100g以上，6周龄体重1.2～1.3kg，3月龄体重可达2.8～3.2kg。

（2）平均每胎产仔7～8只，最高可达16只，泌乳力好，仔兔成活率高，但不耐频密繁殖。

(3) 肉质较好，屠宰率52% ~55%。

(4) 抗病力强，适应性广，耐粗饲；缺点是笼养时易患脚皮炎。

(四) 日本白兔

日本白兔（Japanese white rabbit）原产于日本，以耳大、血管清晰而著称，是比较理想的实验用兔，又称日本大耳白兔。

1. 体型外貌：体型中等，成年体重4～5kg。头大、额宽、面平、颈粗、体躯修长。被毛紧密，毛色纯白，针毛含量较多；眼珠为红色，耳大直立，耳根细，耳端尖，形似柳叶状；母兔颌下有肉髯、公兔没有。

2. 生产性能：

(1) 生长快，2月龄体重约1.4kg，4月龄体重2.5～3kg，7月龄体重约4kg。

(2) 繁殖力强，年产6～8窝，每窝产仔8～10只，而且母兔泌乳量大，母性好。

(3) 耳薄，血管明显，适于注射和采血，是理想的实验用兔。

(4) 成年兔屠宰率为44% ~47%，肉质较佳，兔皮张幅大，被毛浓密柔软，皮板质地良好。

(5) 耐粗饲，适应性强，在我国饲养历史长。

(五) 青紫蓝兔

青紫蓝兔（Chinchilla rabbit）原产于法国，因其毛色很像产于南美洲的珍贵毛皮兽青紫蓝绒鼠（Chinchilla）而得名。

世界公认的青紫蓝兔有标准型青紫蓝兔、美国型青紫蓝兔和巨型青紫蓝兔。

1. 标准型青紫蓝兔（Chinchilla Standard rabbit）：采用复杂育成杂交方法选育而成，参与杂交的亲本有喜马拉雅兔、灰色嘎伦兔和蓝色贝韦伦兔等品种。

（1）体型小而紧凑，耳短直立，公母兔均无肉髯，成年体重母兔2.7～3.6kg，公兔2.5～3.4kg。

（2）被毛呈蓝灰色，有黑白相间的波浪纹，耳尖、尾背面为黑色，眼圈、尾底、腹下、四肢内侧和颈后三角区的毛色较浅呈灰白色。单根毛纤维为五段不同的颜色，从毛纤维基部至毛梢依次为深灰色—乳白色—珠灰色—白色—黑色。

（3）性情温顺，毛皮品质好，生长速度慢，产肉性能差，偏向于皮用兔品种。

2. 美国型青紫蓝兔（Chinchilla American rabbit）：1919年，美国从英国引进标准型青紫蓝兔进一步选育而成。

（1）被毛呈蓝灰色，较标准型浅，且无明显的黑白相间波浪纹。

（2）体型中等，体质结实，成年体重母兔4.5～5.4kg，公兔4.1～5kg。

（3）母兔有肉髯而公兔没有。

（4）繁殖性能好，生长发育较快，属于皮肉兼用品种。

3. 巨型青紫蓝兔（Chinchilla Giant rabbit）：用弗朗德巨兔与标准型青紫蓝兔杂交选育而成，国内少见。

（1）被毛较美国型浅，无黑白相间波浪纹。

（2）公母兔均有较大的肉髯。

（3）耳朵较长，有的一耳竖立，一耳下垂。

（4）体型较大，肌肉丰满，早期生长发育较慢，成年体重母兔5.9～7.3kg，公兔5.4～6.8kg，是偏于肉用的巨型品种。

（六）德国花巨兔

德国花巨兔（German Checkered Giant rabbit）原产于德国，为著名的大型皮肉兼用品种，其育成有两种说法，一种认为由英国蝶斑兔输入德国后育成；另一种则认为由比利时兔和弗朗德巨兔等杂交选育而成。

1. 体型外貌：体躯被毛底色为白色，口鼻部、眼圈及耳毛为黑色，从颈部沿背脊至尾根一锯齿状黑带，体躯两侧有若干对称、大小不等的蝶状黑斑，又称“蝶斑兔”；体格健壮，体型高大，体躯长，呈弓型，腹部离较高，成年体重5～6kg；耳大直立，公母兔均有较小肉髯。

2. 生产性能：

（1）早期生长发育快，仔兔初生重75g，40日龄断奶重1.1～1.25kg，90日龄体重达2.5～2.7kg。

（2）母兔繁殖力强，胎平均产仔11～12只，但母性差，泌乳力低，育仔能力差。

（3）性情不温顺，较为粗野，行动敏捷，活泼好动。

（4）毛色遗传不稳定，后代有蓝色和黑色个体。

二、国内培育品种

（一）中国白兔

中国白兔（Chinese white rabbit）又称中国本兔、小白兔

或菜兔。是我国劳动人民长期培育和饲养的一个古老的地方品种，各地均有饲养，以四川、重庆等省市饲养较多。

1. 体型外貌：体型小，成兔体重 2.0 ~ 2.5kg，体长 35 ~ 40cm。全身结构紧凑而匀称，头清秀，嘴较尖，耳短小而直立，被毛粗短紧密，毛色以白色者居多，兼有土黄、麻黑、黑色和灰色，眼睛红色。

2. 生产性能：

（1）性成熟较早，3 ~ 4 月龄就可用于繁殖。

（2）繁殖力强，母性好，母兔乳头 5 ~ 6 对，胎均产仔 7 ~ 9 只，年产仔 5 ~ 6 胎。

（3）适应性好，抗病力强，耐粗饲。

（4）皮板厚实富有韧性，质地优良。

（5）成年兔屠宰率 45% 左右，肉质鲜嫩味美。

（二）哈尔滨大白兔

哈尔滨大白兔（Harbin Giant White rabbit）是由中国农业科学院哈尔滨兽医研究所培育的大型肉用兔品种，是用哈尔滨本地白兔和上海白兔为母本，比利时兔和德国花巨兔为父本，采用复杂育成杂交培育而成，定名为哈尔滨大白兔，简称哈白兔。

1. 体型外貌：体型较大，头适中，耳大直立，眼大而红，被毛纯白，体质结实，结构匀称，肌肉较丰满，四肢强健，适应性强。成年体重 6.3 ~ 6.6kg。

2. 生产性能：

（1）繁殖性能好，一次配种受胎率达 71.23%，胎均产仔 10.5 只，胎均产活仔 8.83 ~ 11.5 只，泌乳力 2 786.7g。

(2) 生长发育较快，2 月龄平均日增重 31.42g，生长发育高峰在 70 日龄，平均日增重 35.61g。

(3) 产肉性能好，屠宰率半净膛 57.6%，全净膛 53.5%，饲料报酬 3.11∶1。

(三) 太行山兔

太行山兔（Taihang Mountain rabbit）又名虎皮黄兔，原产于河北省井陉、鹿泉（原获鹿县）和平山县一带，由河北农业大学、河北省外贸食品进出口公司等单位合作选育而成，是一个优良的地方品种。该品种作为母本与引进品种杂交效果良好。

1. 体型外貌：分标准型和中型两种。

标准型兔：全身毛色为栗黄色，腹部毛为淡白色，头清秀，耳较短厚直立，体型紧凑，背腰宽平，四肢健壮，体质结实。成年兔体重，公兔平均 3.87kg，母兔 3.54kg。

中型兔：全身毛色为深黄色，臀两侧和后背略带黑毛尖，头粗壮，脑门宽圆，耳长直立，背腰宽长，后躯发达，体质结实。成年兔体重，公兔平均 4.31kg，母兔平均 4.37kg。

2. 生产性能：

(1) 性成熟早，3～4 月龄可以配种。

(2) 生长速度快，仔兔出生重 50～60g，4 月龄 3kg。

(3) 繁殖力强，遗传性能稳定。年产 5～7 胎，胎均产仔 8.2 只，母兔母性好，泌乳力强。

(4) 耐寒，耐粗饲，抗病力和适应性强。

(四) 塞北兔

塞北兔（Saibei rabbit）是河北张家口农业高等专科学校

以法系公羊兔与比利时兔为亲本杂交选育而成，是一种皮肉兼用兔。该品种属于大型品种，生长快、骨架大、体质疏松、晚熟。

1. 体型外貌：塞北兔的毛色分为3种，以黄褐色为主，其次是纯白色和少量黄色；一耳直立，一耳下垂，或两耳均直立或均下垂；头略粗而方，中等大小；眼眶突出，眼大而微向内凹陷；鼻梁上有黑色山峰线；下颌宽大；颈粗短，下有肉髯；体躯匀称，肩胸宽广，肌肉丰满，发育良好。

2. 生产性能：

（1）体型较大，仔兔初生重60～70g，30日龄断奶体重可达0.65～1kg，在一般饲养管理条件下，2～4月龄月均增重达0.75～1.15kg，成年兔体重平均5.0～6.5kg，高者可达7.5～8.0kg。

（2）繁殖力强，每胎产仔7～8只，高者可达15～16只。

（3）抗病力强，发病率低。

（4）耐粗饲，适应性强，性情温驯，容易管理。

●（五）喜马拉雅兔●

喜马拉雅兔（Himalaya rabbit）是一种优良的皮肉兼用兔，1917—1920年发现于我国喜马拉雅山一带，在俄罗斯、美国和其他一些国家也有饲养。目前，有两个培育方向，一个是培育皮肉兼用的中型兔，体重4～5kg；另一种是培育观赏型的小型兔，体重1.1～2kg。

1. 体型外貌：该兔体型小、紧凑，体质强壮，肉质厚实；被毛白色，短、密而柔软；头小；耳短而直立；眼为浅红色；四肢下端、双耳、鼻端和尾毛均为黑色，俗称“八点黑”。

2. 生产性能：

（1）早熟小型兔，成年体重2.5~3kg。

（2）繁殖力强，平均每胎产8~12只仔兔，仔兔初生重可达70g。

（3）体质健壮，耐粗饲，适应性强。

三、肉兔配套品系

（一）伊拉兔

伊拉兔（Hyla rabbit）是法国欧洲兔业公司于20世纪70年代培育而成的四品系配套系。伊拉兔由A、B、C、D四个系组成，它是用9个不同的原始品种经不同杂交组合选育培育出的配套系肉兔。2000年5月和2006年6月我国先后两次引进四系配套伊拉肉兔曾祖代种兔。

1. 体型外貌：伊拉兔的父系父本（A）和母本（B）被毛白色，但鼻、尾、四肢端部和两耳为黑色，具有“八点黑”的特征；母系父本（C）和母本（D）全身被毛均为白色。经配套杂交生产的商品兔被毛具有父系特征，只是“八点黑”颜色变浅。

2. 生产性能：

（1）出肉率高，可达58%~60%，是肉兔品种中较高的，比一般兔子的出肉率高8%~10%，且肉质鲜嫩。

（2）体型中等，成年商品兔重达4.5~5.0kg。

（3）产仔数高，繁殖力强，ABCD四个品系平均窝产仔数分别为8.35、9.05、8.99只和9.33只，最多的能达到

11~12只。受胎率分别为76%、80%、87%和81%。

（4）生长发育快，饲料转化率高，日增重50g左右，抗病力强。

（二）齐卡兔

齐卡兔（Zika rabbits）是由德国家兔育种专家齐默曼博士和德姆夫勒教授公兔培育而成的肉兔配套系，是当今世界上著名的肉兔配套系之一；1986年四川省畜牧兽医研究所首次从德国引进该配套系。

1. 体型外貌及生产性能：齐卡肉兔配套系由大、中、小3个白色品系组成，即大型品系（G系）为德国巨型白兔、中型品系（N系）为德国大型新西兰兔，小型品系（Z系）为德国合成白兔。

（1）G系：头粗重，两耳直立，体躯大而丰满。成年体重6.0~7.0kg，初生重70~80g，母兔年育成仔兔30~40只，12周龄体重在3kg以上，产肉性能特别优异，繁殖性能一般，耐粗饲，性成熟较晚，夏季不育期长。

（2）N系：头型粗壮，耳短小直立，体躯丰满，具有典型的肉用特征。成年兔体重4.5~5.0kg。早期生长速度快，12周龄体重超过2.8kg，产肉性能及繁殖性能中等，饲料报酬高。母兔性较好，年育成仔兔50只。可分为两个类型：一类是在产肉性能具有优势；另一类是繁殖性能及母性突出。

（3）Z系：头清秀，耳薄，体躯长。成年体重3.5~4.0kg，90日龄体重2.1~2.5kg，适应性好，耐粗饲。其最大优点是母兔繁殖性能高，胎产仔兔8~10只，年产仔60只，年育成仔兔50~60只，幼兔的成活率也较高；母性极佳，产

肉性能一般。

2. 配套杂交模式：G 系公兔与 N 系中产肉性能（日增重）特别优异的母兔杂交生产父母代公兔，Z 系公兔与 N 系中母性较好的母兔杂交生产父母代母兔，父母代公母兔交配得到商品代兔。

（三）艾哥兔

艾哥兔（Elco rabbits）是法国艾哥（Elco）公司养兔专家贝蒂培育而成的大型肉兔培育品种，分为 A 系、B 系、C 系和 D 系四个品系，该品系的毛色有白色和杂色，我国引进的艾哥配套系肉兔全部是白色。

1. 体型外貌及生产性能：

（1）A 系（GP111）：毛色为白化型或有色，性成熟期 26 ~ 28 周龄，成年体重 5. 8kg 以上，70 日龄体重 2. 5 ~ 2. 7kg，28 ~ 70 日龄饲料报酬 2. 8 ：1。

（2）B 系（GP121）：毛色为白化型或有色，性成熟期 121 日龄，成年体重 5. 0kg 以上，70 日龄体重 2. 5 ~ 2. 7kg，28 ~ 70 日龄饲料报酬 3. 0 ：1，每个母兔笼位年生产断奶仔兔 50 只。

（3）C 系（GP172）：毛色为白化型，性成熟期 22 ~ 24 周龄，成年体重 3. 8 ~ 4. 2kg，公兔性能力较强。

（4）D 系（GP122）：性成熟期 117 日龄，成年体重 4. 2 ~ 4. 4kg，每只母兔年生产父母代母兔 25 ~ 30 只。

（5）父母代公兔（P231）：毛色为白色或有色，性成熟期 26 ~ 28 周龄，成年体重 5. 5kg 以上，28 ~ 70 日龄日增重 42g，饲料报酬 2. 8 ：1。

(6) 父母代母兔（P292），毛色白化型，性成熟期 117 日龄，成年体重 4.0～4.2kg，胎产活仔 9.3～9.5 只；商品代兔（PF320）70 日龄体重 2.4～2.5kg，饲料报酬（2.8～2.9）∶1。

2. 配套杂交模式：GP111 系公兔与 GP121 系母兔杂交生产父母代公兔（P231），GP172 系公兔与 GP122 系母兔杂交生产父母代母兔（P292），父母代公母兔交配得到商品代兔（PF320）。

（四）伊普吕兔

伊普吕兔（Eplry rabbit）是法国克里莫育种公司历经 20 多年精心筛选、培育的肉兔配套系。在 1997 年的世界家兔育种会上，该兔被评为最佳优良品种，随后该兔种在世界各地被广为推广，是目前国际上最优良的配套系之一。该配套系的杂交配套模式共有 8 个品系，由国家种畜公司代理，投资数百万元人民币于 1997 年 7 月自法国引进 2 000 只 9 大品系的“伊普吕”祖代兔种。1998 年 9 月山东菏泽市颐中集团科技养殖基地从法国引进四个系的祖代兔，即作为父系的巨型系、标准系、和黑色眼睛系，以及作为母系的标准系。

1. 体型外貌及生产性能：该配套系兔外形优美，娇健活泼，毛色有全自、全黑和八点黑（鼻端、两耳、尾及四肢下部为黑色）3 种，毛被轻柔、光滑亮丽。成年兔体重平均可达 6kg 以上，具有以下特点。

(1) 繁殖力强：在国外每只母兔年产 8.7 窝，胎均产活仔数 9.2 只，成活率 95%。

(2) 生长速度快：商品兔 70 日龄体重 2.35kg，90 日龄体重3.5kg，胴体屠宰率达57.5%～60%。

（3）饲料利用率高：饲料转化率为3.5∶1。

（4）适应性强：伊普吕兔抗病力强、适应性好。

2. 配套杂交模式：由于该配套系杂交模式使用的品系较多，配套复杂，在生产、推广过程中存在一定难度；而且不同品系的毛色和体型有一定的相似之处，普通的养殖户难以辨别，从而引起杂交乱配、血统混杂，造成该配套系生产性能严重下降。

第二节　肉兔的采食习性

一、食草性

肉兔是单胃草食动物，具有较大容积的肠胃、发达的盲肠以及口腔的解剖特点，决定了肉兔的食草性。肉兔主要采食多叶性饲草、多汁饲料以及颗粒性饲料，这些饲料适口性较强；肉兔不喜欢采食动物性饲料，因此，肉兔在饲养管理中，饲料应以草料为主，精料为辅。肉兔饲料既要考虑肉兔的营养需要，又要注意饲料的适口性，一般动物饲料的添加比例应低于5%，多添加豆科、十字花科、菊科等多叶性饲草和胡萝卜、甘薯、萝卜等多汁性饲料；肉兔应供给一定数量的粗纤维，粗纤维可以促进胃肠蠕动，维持正常的肠道菌群，日粮中适宜的粗纤维含量为13%～15%，粗纤维缺乏易引起腹泻等消化道疾病。

二、啮齿性

肉兔的门齿是恒齿，出生就有且终生生长，永不脱换。肉兔为了保持门齿适当的长度，便不断地磨损生长的牙齿，所以肉兔喜欢啃咬较坚硬的物料。生产中，如饲料中粗纤维不足，或硬度不够，牙齿得不到磨损时，门齿就会越长越长，甚至刺伤牙龈，因此，肉兔便会寻找笼门、踏板、产箱、食盆、水槽等有棱硬物进行啃咬。为了防止肉兔乱啃乱咬，饲料中应含足够的草粉，或制成颗粒料饲喂可有效地防止啃咬，也可在兔笼内投放树枝、木块让肉兔自由啃咬。兔笼应平整、笼壁光滑，以避免肉兔啃咬。

三、食粪性

肉兔有采食自己粪便的习性，该特性属于其本身重要的生理现象，与其他动物缺乏营养元素的食粪癖有本质不同。正常情况下，兔子排出的粪便分为两种，一种是经常在兔舍里能看到的粒状硬粪，约占到日总排粪量的 8 成；另一种是不易见到的团状软粪，多在夜间排出，约占到日总排粪量的 2 成；软粪一经排出便被兔子从肛门处直接吃掉，所以，不容易被人察觉。肉兔这种食粪行为具有咀嚼动作，而且发生在静坐休息期间。食粪这一特性可以作为判断肉兔健康与否的标志，如果发现承粪板上有软粪，则证明该兔有疾病发生。软粪中具有丰富的营养物质，经过肉兔的反复消化利用，提高了软粪中的营养物质特别是蛋白质和维生素 B 族的利用率，有利于促进肉兔的生长发育。

四、扒食性

肉兔的扒食性在野生条件下形成的，肉兔凭借自己发达的嗅觉和味觉，对众多的野草和食物具有一定的选择性，寻觅自己所喜爱吃的食物。在家养条件下，一切饲料靠人工配制提供，它们失去了自由选择饲料的权利，往往造成家兔挑食。通常用前爪在饲槽里扒来扒去，将饲料扒出槽外，甚至会掀翻食槽。在饲料配制时，应做到原料的多样化，并控制好质量，混合料要充分拌匀。喂料时要坚持“少喂勤添，定时定量”的原则，一次不能添食太多，以免造成浪费。饲喂时要先喂粗料、后喂精料，而且不要喂得过饱，八成饱即可，让肉兔始终保持旺盛的食欲。

第三节　肉兔生活习性

兔的祖先由于个体小，故御敌能力差，常受野兽的威胁。为了种族的延续，兔进化出了适应环境的某些生活习性和特点。现在的家兔虽然经人类的长期驯化，但仍然不同程度地保留着原始祖先的某些生活习性和生物学特性，如善于逃跑的体型结构、打洞穴居的习性、夜行性以及在短期内能够大量繁殖后代的生产特性等。家兔的生物学特性与家兔的繁殖、饲养管理、兔舍建筑以及兔产品利用等有密切关系。了解家兔的生物学特性，掌握家兔的生活规律，应用现代科学的饲养管理方法，尽可能创造适合其生活习性的饲养管理条件，

提高养殖效益。

一、夜行性

家兔的夜行性是指家兔白天在笼内或巢内歇息，晚上开始寻找食物和进行其他活动的习性，这种习性是在野兔时期形成并一直保留下来的。野兔体格弱小，抗拒敌害的能力差，在野生状态下，被迫白天穴居于洞中，夜间外出活动与觅食，久而久之，形成了昼伏夜行的习性，家兔至今仍保留其祖先野生穴兔的这一特性。家兔在夜间活跃，而白天却表现较安静，除觅食时间外，常常在笼子内闭目睡眠或休息，采食和饮水也是夜间多于白天。据测定，在自由采食的情况下，家兔在晚上的饲料采食量占全天采食量的70%，饮水量占全天饮水量的60%左右。根据肉兔的这一生活习性，科学地进行饲养管理，晚上供给足够的饲草和饲料，并保证饮水，白天应保持兔舍安静。

二、嗜眠性

若使家兔仰卧，顺毛方向抚摸其胸腹部并按摩太阳穴时，可使其进入睡眠状态。嗜眠性是指家兔在一定条件下白天很容易进入睡眠状态的这种特性，家兔的嗜眠性与其在野生状态下的夜行性有关。在此状态下的家兔除听觉外，其他刺激不易引起兴奋，如视觉消失，痛觉迟钝或消失。利用这一特性，在实际生产中，不麻醉的情况下可进行短时间的实验操作。掌握家兔的这一习性，对养兔生产实践具有指导意义。

首先，在日常管理工作中，白天应保持兔舍及其周围环境的安静，让肉兔很好地睡眠；其次，对肉兔进行人工催眠，完成一些小型手术，如去势、刺耳号、注射、投药、创伤处理等，不必使用麻醉剂，免除因麻醉药物而引起的副作用，既经济又安全。

肉兔人工催眠的方法：将肉兔翻转，使其腹部朝上，背部向下，仰卧保定在“V”形架上或者其他的器具上，然后用手顺毛方向轻轻抚摸其胸、腹部，同时用食指和拇指按摩头部的太阳穴，家兔很快就进入睡眠状态，此时即可顺利地进行短时间的手术。手术完毕后，将兔翻转恢复正常站姿，兔立即完全苏醒。判断肉兔是否进入睡眠状态的标志是：两眼半闭斜视；全身肌肉松弛，头后仰；出现均匀的深呼吸。其他兔属动物也有这种嗜眠性。

三、胆小怕惊，听觉嗅觉灵敏

兔耳长而大，听觉灵敏，能转动并竖起来收集各方的声响，以便逃避敌害。家兔具有发达的听觉和嗅觉器官并特别灵敏，但异常胆小，遇有敌害时毫无自卫能力，但能借助敏锐的听觉作出判断，并借助弯曲的脊椎和发达的后肢迅速逃跑，逃避猛禽和肉食兽的追捕。在家养的条件下，肉兔仍保留了其祖先的这一习性，突然的声响（如雷声、喧哗声、撞击声）、生人或动物如猫、狗等都会使家兔惊恐不安，以致在笼中奔跑和乱撞，并以后足拍击笼底而发出响声。这种顿足声会使全兔舍或周围一部分兔同样惊慌起来，如受惊过度往往乱奔乱窜，甚至冲出

笼门，或造成母兔流产、难产和死胎。因此，在肉兔的饲养管理中，动作要尽量轻稳，以免发出声响使兔惊恐，同时要注意防止生人或其他动物进入兔舍。兔嗅觉灵敏，可凭嗅觉来判断仔兔，对非亲生仔兔常拒绝哺乳，甚至把仔兔咬死，因此寄养仔兔，要严格按照技术规程进行操作。

四、喜清洁爱干燥

肉兔喜欢清洁卫生、阴凉干燥的生活环境，耐寒、怕热、厌湿，兔舍内最适相对湿度应保持在60%～65%。干燥清洁的环境有利于兔体的健康，而潮湿污秽的环境则是引起肉兔患病的重要原因，阴冷潮湿的环境特别容易引起肉兔疥癣病和幼兔的球虫病。肉兔的被毛较发达，但汗腺较少，能够忍受寒冷，却不能耐受湿热。当环境温度超过30℃或环境过度潮湿时，成年母兔容易发生减食、流产、不愿哺乳仔兔等现象；炎热的夏季还是肉兔传染病易于暴发的季节，兔的抗病力很差，患病后较难治疗，往往会给生产造成很大损失；同时还会引起公兔“夏季不孕”现象发生。所以，在进行兔场设计和日常饲养管理工作中，都要尽量为肉兔营造一个安静、清洁、干燥的生活环境。

五、独居性

肉兔虽然性情温顺，但群居性很差。肉兔群养时，相同或不同性别的成年兔经常发生互相斗殴咬伤现象，特别是新组成的兔群或者是公兔群，互相咬斗现象更为严重，因此，

管理上应特别注意。3 月龄前的幼兔为了节省笼舍多采用群养；成年兔要单笼饲养，如果群养，同性别成年兔会经常发生撕咬争斗；成年公母兔也应分笼饲养，可防止乱配和早配，影响母兔的繁殖性能。

六、性情温顺

肉兔性情温顺，在一般情况下可任人抚摸和捕捉，但捕捉不当常被其利爪抓伤皮肤，在饲养管理操作中要注意正确的抓取方法。母兔在产仔哺乳时，有明显护仔现象，若捕捉仔兔，母兔会主动伤人，家兔发怒、发情或想同伴和仔兔发出报警时，会用后肢猛蹬笼底板。当遇敌害或四肢被笼子或地板夹住时，会发出尖叫声。

七、穴居性

穴居性是兔的一种本能，是指兔具有打洞穴居、并且在洞内产仔的生活行为，家兔的这一习性也是长期自然选择的结果。只要不人为限制，家兔一接触土地就要挖洞穴居，隐藏自身，并在洞内理巢产仔。穴居性对于现代化养兔生产来说是无法利用的，应该加以限制，不过在选择建筑材料和设计兔场时应充分考虑家兔的这一特性。在笼养的条件下，需要给繁殖母兔准备一个模拟洞穴环境的产仔箱，放在安静、干燥的地方，令其在箱内产仔。室外笼养兔，最下层的兔笼底部与地面的距离要高，并有一定密闭性，要注意防范如猫、狗、鼠、蛇、鼬、鹰等敌害。

八、怕热耐寒

肉兔被毛浓密，体表热量不易散发，同时，肉兔汗腺不发达，不能通过汗腺调节体温，因此怕热。家兔是恒温哺乳动物，正常体温一般保持在 38.5～39.5℃，由于昼夜温差的原因，体温常有 0.2～0.4℃ 变化。家兔在 5～30℃ 时，代谢率最低，热能消耗最少；环境温度低于 5℃ 或高于 30℃ 均能使肉兔热能损耗增加。当外界温度过高时，家兔除改变新陈代谢外，只能靠利用呼吸散热的方式来维持体温，但这种能力是有限的，所以，兔场的日常工作中，防暑比防寒更重要。研究结果表明，如果家兔周围温度高于 32.2℃，生长发育和繁殖性能都显著下降；如果较长时间在 35℃ 或更高温度条件下，家兔常常发生死亡。被毛浓密也使肉兔具有较强的抗寒能力，在防雨、防潮的条件下，能很好地耐受 0℃ 以下的温度，但会影响繁殖和增加饲料消耗，肉兔较适的生长繁殖温度为 15～25℃。但仔兔、幼兔的体温调节能力不健全，需要调节环境温度来维持体温恒定，尤其在寒冷季节，应加强饲养管理，应做好保温防寒工作。

第四节　肉兔的解剖特点

一、骨骼

兔全身骨骼共 275 块，构成身体的支架。前后脚各有 5

趾，第一趾短，特别是后脚的第一趾隐在毛内几乎看不见，除第一趾外每趾都有三节趾骨。末节趾骨的头端有略弯的指爪，极为锐利。前肢较短而弱，后肢较长而有力。全身有300多条肌肉，肌肉总重量约为体重的35%。兔的前半身肌肉不发达，而后半身肌肉很发达。

兔子的骨骼是较为纤弱的，仅占全部体重的7%～8%。兔子有一对强有力的后脚，可以猛烈的力量向后踢去。如果抓起兔子时没有将兔子适当地保定好，它们向后踢的动作往往造成脊椎骨破裂（几乎总是发生在第七腰椎），并导致脊髓的损伤。因此，对兔子适当的保定是预防兔子及管理者受伤的基本要素。

兔子的肩胛骨棘下窝呈锐利的三角形，肩峰的上膊突呈倒勾状。兔子的髀臼是由肠骨、坐骨亦即一小型附属骨——髀臼骨所组成，而不包括耻骨在内。而其他动物髀臼的组成却是由肠骨、坐骨加上耻骨而成。股骨的转子窝是骨内输液常使用的地方，可以经由触摸大转子的突起而轻易的找到它的位置。

二、消化系统

肉兔的消化系统主要包括口腔、咽、食管、胃、小肠、大肠及胰脏、肝脏、胆囊等消化腺。

（一）口腔

兔子的嘴巴开口极小，而在上唇部有一道鸿沟区分左右，并向上弯与鼻翼相接，这也是“兔唇”这一名称的由来，便

于采食地上的矮草和啃咬树皮。兔具有草食动物的典型齿式：门齿呈凿型，没有犬齿，臼齿发达；兔子的牙齿呈弯曲形，不论门齿或臼齿皆会持续的生长。如果牙齿的接合不良，那它们的磨损就会不均匀，导致咬合不正的问题发生，如食物不易摄入或厌食的现象。家兔有4对唾液腺，分别是耳下腺、颌下腺、舌下腺和眶下腺，其中，眶下腺是家兔所独有的，位于内眼角底部。

下颚能够自由的向前、向后及上下垂直活动，但向左右的活动则受到限制，这是因为形成颞颚关节的关节突是呈纵向延伸的。兔下巴的肌肉向前及向后延伸，造成一种较大的口腔假象，但事实上却不然。在兔子身上使用气体麻醉时，在气管内插管过程中较困难，这是因为兔子的嘴巴过小、臼齿与舌头相对较大，以及口腔较深的缘故。下巴肌肉放松是麻醉达到效果的象征。如果在插管过程中不留意，很容易造成兔子口腔及呼吸道的伤害，必须小心谨慎。

（二）腹腔

兔子的腹腔较大。胃肠道相对较长，其内容物可占兔子全身重量的10%～20%。这是使用静脉内注射麻醉药物时计算剂量的重要依据。在腹腔中最大的两个器官分别是胃及盲肠。

（三）胃

兔是单胃草食动物，胃呈蚕豆状，容积较大，占消化道总容积的34%；胃黏膜内有消化腺，能分泌胃液，胃液中含有大量的消化酶和胃酸。15日龄以内仔兔胃液还含有凝乳酶，但盐酸分泌少；蛋白酶原最多，但蛋白酶原需经过盐酸激活后，才能变成蛋白酶，所以，幼兔的消化机能不完善。兔胃肌肉层薄弱，蠕动力小，饲料在胃内停留时间相对较长，胃内饲料的停留时间与饲料种类有关，也与胃内形成毛球的几率密切相关。胃的入口处有一肌肉皱褶，加之贲门括约肌的作用，使得家兔不能嗳气也不能呕吐，所以，消化道疾病较为多发；然而，兔的贲门及幽门部发育得极为良好，幽门部到十二指肠之间呈现极剧烈的角度转变，并常受到十二指肠的压迫。当胃部膨胀时，或当毛球、气体、肝肿大压迫到胃时，都会导致幽门部的收缩，而阻止胃内容物的排出。兔子的胃壁非常薄，常常在尸解中被发现已经破裂，这是因为死后细胞分解造成气体快速膨胀所致。

●（四）小肠●

小肠包括十二指肠、空肠和回肠。小肠有发达的黏膜，并含有丰富的血管和神经，是吸收营养的主要场所。十二指肠及空肠拥有较小的空腔。在回肠的末端近盲肠处则膨大形成圆小囊，这是一个由大量的淋巴滤泡所组成的蜂窝状结构，有时亦被称为回盲肠间的扁桃腺，这也是食入异物最容易阻塞的地方。

●（五）大肠●

兔的大肠分为盲肠、结肠和直肠。兔的盲肠特别发达，有一个大型、薄壁的螺旋形盲肠，占消化道总容积的49%左右，与体长相当，其作用与反刍动物的瘤胃相似。厚壁、苍白、蠕虫状的阑尾如同圆小囊一般，阑尾也是一个具有丰富

淋巴组织的结构。盲肠是兔子腹腔中最大且最突出的器官，它沿着腹壁内侧螺旋状伸展，在腹腔中约折了 3 折。一般而言，盲肠内容物呈现半液体状。兔的盲肠富含淋巴组织如蚓突和圆小囊，这两个特殊的结构不仅含有丰富的淋巴组织，而且可以分泌碱性黏液（pH 值 =8.1 ~9.4），中和盲肠的酸性环境，利于微生物的活动。

结肠是连续的囊状结构并有纵带。它开始于大肠瓶，肠钮将结肠分为近端与远端结肠。这是一段较为厚实的结肠，聚集着大量的神经节细胞，负责肠管收缩步调的调整，达到掌控两种粪便排出的目的。

结肠和盲肠的主要作用是吸收水分和无机盐，并形成球粪。结肠肌肉的收缩可以导致食物中纤维及非纤维部分分离。蠕动性的收缩将纤维快速的移过结肠，随硬粪排出。抗蠕动性收缩则将非纤维性颗粒与液体等反向送回盲肠，以便发酵作用的进行。在这期间，盲肠也可经由收缩，将它的内容物及发酵产物送入结肠，由肛门排出体外，再被兔子食入。这种可被重新利用的盲肠内容物又被称为软粪、晚粪以及盲肠生成物；这种粪便一般是呈串状排出，而不像硬粪是一粒粒的排出。盲肠生成物被包裹在一层黏液组成的薄膜，在酸性的胃中形成一隔屏障，但在碱性的小肠中则可被再吸收。

●（六）胰脏、肝脏及胆囊●

胰脏的位置离十二指肠极近，但是兔子的胰脏非常分散，常常很难与其周围的肠系膜加以区分。

兔子有一个小而圆的肝叶被称为尾叶，其与肝脏的背部及横膈部位仅以一狭窄杆状部分加以连结。这个杆状部位是最容易发生异位的部分，但日常检查不易被关注。

兔子的胆管与胰管各由不同的开口进入十二指肠。如果自腹部中线进入，胆囊隐藏在腹腔的深层。兔子胆汁分泌胆绿素，而不是分泌胆红素。

三、心血管系统

兔心脏相对较小的，约只占全身体重的0.3%。它的右侧房室瓣是仅由两片瓣膜所构成，而不同于其他动物是由 3 片瓣膜所构成的。

兔心脏的大小与它的体型大小相关。组织内氧气的供给增加，受心脏大小的限制，无法由增加每次心跳时心室打出的血量来实现。另外，心跳速率的调整则有相当大的弹性空间，例如说，小的兔子心跳速率会较体型大兔子快。一般兔子的正常心跳速率为每分钟 180～250 次。虽然兔子的心脏较小且心跳相当快，定量多普勒心脏超音波仍能有效地用于评估它们的结构及功能。

兔子的静脉壁相当薄，因此在抽血及输液过程中，常有血肿形成，要避免这种现象的发生，选择铁弗龙的导管及使用均匀的压力是很重要的。

兔子的肺动脉肌肉肿胀使得它的肺动脉壁较其他动物更厚、更结实。而因为过敏反应致死经常多是由于肺性高血压的结果；尸解时往往可以观察到肺动脉严重的收缩，但右心则呈现明显的扩大现象。

四、呼吸系统及胸腺

兔子主要以鼻子呼吸，当兔子上呼吸道发炎时，会加重非气管内插管麻醉时的死亡率。胸腺在成兔时期仍然存在，位于心脏的腹面，向前延伸进入前胸口。相对于它们宽广的腹腔，兔子的胸腔小了许多，因此，他们的呼吸主要是依赖横膈膜的收缩。这种呼吸的特性，也带来一种特殊的人工呼吸方式：将兔子水平悬于半空中，一手抓住兔子的前脚，另一手抓住后脚，以每次两秒的间隔，将兔子作弯曲伸展的动作。

五、泌尿系统

兔子与啮齿动物只有一个肾乳头及一个肾盂，然后就直接进入输尿管。而大部分的哺乳动物的肾脏是由多个肾乳头组合而成的。兔子的泌尿系统可依据不同环境而调适的能力，加上再采食消化方式的多样性，是这些动物能够在多种不同的地理环境中生存的主要原因。

兔子泌尿系统的可塑性尚未被人们完全了解。在澳洲沙漠地带的兔子具有大的肾脏、强力的尿液浓缩能力、小的肾上腺及低量的循环性丁醛酮（Aldosterone）以沙漠为住所的兔子，它们是以高纤维、高盐分、低蛋白的植物为食，可供摄取的水分极低，因此，它们的肾髓质部较长。而在澳洲高山地带的兔子的肾脏则较小。它们生活在繁茂的草丛中，享用的是低盐高蛋白质的食物，它们的肾髓质部就较短。

兔子血浆中钙离子的高低程度反应食物中所含钙离子的成分高低。尿液是钙离子的主要排出渠道，尿中钙离子则是依据血浆中钙离子的浓度而调整。此外，由于大量白色碳酸钙存在尿中，导致尿液始终维持着浓稠的霜状形态。长期食用含高钙成分的食物往往导致兔子大动脉及肾脏的钙化。维生素 D 摄取量的提升更会增强这类钙化的发生。

兔子尿液的颜色从黄色到红色都有，其主要的原因是由尿中所包含的色素造成，但其主要成分仍不清楚。某些特定的食物，例如，苜蓿及白豆属的热带豆科植物，有增强尿液色素浓度的作用。

六、皮肤及用于气味标示的腺体

兔皮肤表皮很薄，真皮较厚，坚韧而有弹性。被毛是皮肤的附属物，被毛的颜色和长度，是一种遗传性状，可以作为识别品种的主要特征。成年家兔全身被毛一年更换两次。汗腺很不发达，仅在唇边及腹股沟部有少量分布；皮脂腺遍布全身，能分泌皮脂、油润被毛。

肉垂（dewlap）是母兔咽喉附近有一大圈的皮肤皱褶。怀孕母兔会在分娩之前将这一区的毛拔下，铺在巢穴之中。在较年长的母兔身上，肉垂可能变得极大，常常被误认为脓疡。

兔子并没有足垫，它的足趾及踝部被粗毛所包围着。当一只兔子安静的坐着时，它的后肢跖部底侧，从足趾到飞节，都会接触地面。体重较重的兔子如果住在由铁丝所组成的笼

子中，常常因此导致溃疡性足部皮炎，又称飞节痛。

公母兔都有3组腺体，供它们从事标示气味的行为时使用；包括开口位于下巴内侧的特殊下颚腺体又叫下巴腺、肛门腺以及一对状似口袋、位于会阴的鼠蹊腺。腺体的大小以及标示地盘行为的程度与雄性素的分泌及性行为的多寡呈正相关。兔子有极强的领域性，公兔的标示地盘行为要较母兔更频繁。不论公母，在同群动物中，地位较高的兔子的标示地盘行为要比地位较低的兔子频繁，而且当地位较低的同性动物出现时，标示地盘的行为更为明显。兔子可凭借这种标示地盘的行为显示它们在同群动物中的地位。

母兔用下巴腺及鼠蹊腺标示它们的幼兔，对不是它们自己的幼兔则公开的表示敌意。它们极力呵护它们自己族群的幼兔，对外来的幼兔则激烈地追逐，甚至杀死它们。当幼兔被抹上其他兔子的气味时，会被母兔攻击并杀死。

七、感觉器官与神经系统

兔子的感觉器官相当完备而且特别灵敏，它们对乙酰胆碱非常敏感，当遇到危险时立即快速逃跑。受到惊吓的动物，其体温、心跳及呼吸率都会明显的增加。

（一）眼睛

兔子侧生的眼睛及面积较大的角膜，可以看见更加宽广的区域，使兔子可以有190°的视野重叠，以便能更容易去侦测捕食者。但是，它们的眼睛并不能看到它们嘴巴下方的小区域，因此，它们必须靠嘴唇以及胡须来辨别食物的位置。

兔子的角膜约占据眼球弧面的30%，兔子有巨大的球形水晶体，对视力调适的依赖不大。视神经位于眼睛水平中线的上方，视网膜试验则需要注视眼睛内部的上方。视网膜的血管则由视神经盘水平地向外分布，此外，兔子跟狗一样，在它们的视神经盘中有一生理杯或压力区的存在。兔子没有杆状细胞层的存在。

兔子的第三眼睑分为两叶，上叶小而白，下叶则较大而呈粉红色。上下两叶各有一分泌管，两管交会合并成单一管路后，自第三眼睑内侧开口向外分泌。公兔的第三眼睑腺要较母兔的为大，在配种季节则会更为肿大。泪腺则是一个小而淡褐色的腺体，位于下眼睑的后方（在其他动物身上，泪腺大多位于上眼睑的后方）。然而，泪腺分泌管的开口却是位于上眼睑的结膜内。

兔子头部的主要静脉血液回流管道为外颈静脉，而不同于人是以内颈静脉为主要的头部静脉血液回流管道。在其他的动物身上（例如，狗），则另有特殊的通道存在于内颈静脉与外颈静脉之间；但在兔子身上，这种管道并不发达。如果将兔子的外颈静脉扎起，或缓慢地自体外输液进入外颈静脉内，会在24h内导致兔子的眼球肿大而突出；当状况解除后，则会缓慢复原。这种相同的脉管形式也适用于兔子眼睛的动脉血液供给，不过若是扎住颈动脉可导致眼球坏死。

（二）耳朵

兔子的大耳朵有很重要的功能帮助他们识别潜在的捕食者，兔子的耳翼占总体表面积12%左右，有利于散热，帮助兔子在炎热的夏季降温。兔耳具有大量的血管，当身体体温

升高时，也是小动脉与小静脉汇流最大量的地方。可由兔子的耳中央动脉测量兔子的动脉血压。但是自耳中央动脉所测得的血压较自总颈动脉所测得的约有 10cm 水银柱的差距。

第五节 肉兔的换毛特点

正常的换毛是肉兔对外界环境的一种适应表现。肉兔由于季节、年龄、营养和疾病等原因，兔毛会发生脱落，并在原处长出新毛，这个过程称为换毛。换毛期旧毛的毛乳头开始萎缩，停止供应血液，毛球细胞开始角化，同时，发育新的毛乳头，并形成新的毛球，随着新毛球细胞的不断增殖，形成新毛。换毛可分为年龄性换毛和季节性换毛。

（一）年龄性换毛

肉兔年龄性换毛主要发生在未成年的幼兔和青年兔。幼年期第一次换毛约从 30 日龄开始，100 日龄结束，此时肉兔、皮肉兼用兔若能屠宰上市是最经济的，因为此时毛被成熟，毛皮品质最好，且以后增重速度减慢。育成期换第二次毛，约在 130 日龄开始，至 190 日龄结束。

（二）季节性换毛

成年肉兔会出现季节性换毛，一年换两次毛，即春季换毛和秋季换毛。换毛时间的早晚和换毛期的长短，受光照、温度、年龄、性别、健康状况及营养水平等多种因素影响。春季换毛一般在 3 ~ 4 月，换毛时间较短，换毛快，因为此时光照由短日照向长日照过渡，气温则由寒冷、温暖向炎热转变，皮肤毛囊的新陈代谢旺盛，饲料中青绿饲料增多，营养水平高；秋季换毛多发生在9～10月，换毛时间长，因为此时光照由长日照向短日照过渡，气温逐渐降低，饲料中粗饲料增多、青绿饲料减少，营养差，新毛生长慢。所以，秋季应注意添加富含蛋白质的饲料。换毛的顺序：先由颈部的背面开始，紧接着是躯干的背面，再延伸到两体侧及臀部，唯有颈部毛在夏季不断地脱换。

第六节　肉兔的选种与引种

一、种兔的选择方法

家庭肉兔养殖场选种和引种最好请掌握一定养兔专业知识的技术人员协助挑选，认真检查每只肉兔，根据种兔标准严格挑选，确保种兔质量。种兔是繁殖优良种群、取得良好效益的关键，对选种工作应高度重视，并做好各项准备工作。

（一）体型外貌选择

肉兔的外貌特征是其内在生理结构和机能的反映，与肉兔生产性能息息相关，是肉兔是否生长发育正常和健康的标志，是选择肉用种兔的主要指标。

1. 头部：头部形状反映肉兔的体质特征，由头部可以看出幼兔或青年兔将来的体型大小。头大者，为粗糙型，体型大，产肉量高；头型大小适中、与体躯各部位协调相称者，则为结实型；头相对较小，外观清秀，则称细致型，一般个体较小，这类肉兔往往适应能力较差，产肉量也不高。种兔要求眼睛大、明亮，眼睛的颜色符合本品种特征，如新西兰

白兔为粉红色；耳朵的大小、形状，代表着其品系特征，如日本大耳兔耳长如柳叶、中国白兔短而直立；不同品系不完全相同，但两耳都应竖立，耳壳内侧呈粉红色，如有一侧下垂或两侧都下垂者，则为不健康的征兆，或有遗传缺陷。

2. 体躯：肉用种兔应肌肉丰满、体质健壮，要求胸宽而深，背腰宽广、平直，臀部丰满而缓缓倾斜，肋骨开张良好，腹部充实、紧凑、富有弹性。胸窄而浅、背拱、腰细的个体，均不应选择。

3. 四肢：种兔四肢应粗壮有力、肌肉发达、姿势端正；趾爪色泽与被毛一致，可根据趾爪的弯曲度和色泽判断种兔的年龄。将种兔放在地上让其跳动，前肢无“划水”现象，后肢无瘫痪现象。否则，均应淘汰，不能作为种兔引进。

（二）被毛检查

健康、品质优良的肉兔被毛浓密、柔软、光亮、洁白、蓬松、无结块。毛色应符合本品种特征，用口逆着毛生长方向吹开被毛，观察毛纤维革部位的颜色，露出缝隙很小者，说明被毛密度大。如毛色不符合本品种的被毛特征，必须淘汰。

（三）健康检查

种兔健康与否是肉兔养殖成功的关键。健康检查是肉兔引种的主要环节，应高度重视、认真执行，严把引种关。

1. 眼鼻检查：健康的兔眼睛明亮有神，眼球呈粉红色，不流泪、无眼屎。

2. 鼻检查：鼻黏膜湿润，鼻腔无任何鼻液或异物。如果

预选兔有鼻液或结痂等，都是慢性鼻炎的表现，不能入选。

3. 消化系统检查：健康肉兔的食欲旺盛，按规定量添加颗粒饲料 1h 后，饲槽中应没有剩食或少量剩食。如果剩余量大，则可能是消化系统有潜伏的疾病。健康兔的粪便呈椭圆形，一粒粒的散落笼下，刚排出的粪便表面光亮。如果粪粒小、干燥、一端有尖或粪粒变大且湿软，并粘连成串，表明该肉兔消化道有疾病，不能选作种用。

4. 外阴部检查：健康兔外阴部周围无分泌物，其黏膜粉红湿润。如果阴部有疾患者，外阴部周围有脓性分泌物或渗出液，翻看外阴部则发现黏膜发红。

5. 在检查外阴部时，对公兔着重查看有无睾丸、睾丸大小，是双睾还是单睾。凡是双睾且睾丸比较大，两侧睾丸大小相近，阴囊明显垂于腹壁以外的可以入选。凡睾丸小，两侧大小不一致，或单睾、隐睾的都不能入选。母兔要求母性强、有效乳头 4～5 对。

二、肉兔的引种要求

种兔质量的好坏直接影响肉兔生产性能的发挥和兔场经济效益，是养兔场的最为重要的工作，因此，在引种时应注意以下几个方面的问题。

（一）提前做好引种准备工作

首先应查阅肉兔养殖的相关书籍，了解肉兔的品种特征和生产性能，掌握需要引种的肉兔的生活习性、管理技术、疫病防治等技术要点。肉兔舍的建造应考虑建筑成本和便于

管理、利于防病、适于生长繁殖，准备好饲料、食具等，引种前对兔笼、兔舍及用具进行彻底消毒。

（二）了解种兔相关信息

引种前应对供种单位进行考察、对种兔的品种纯度、来源、生产性能、疫情及价格等情况了解清楚。要求供种单位提前进行疫苗注射和驱虫处理，并提供供种场的免疫、驱虫方案，要求供种场提供每只种兔的系谱档案。

（三）引种数量

初次引种，应根据兔场的经济实力、圈舍面积、人员和种兔、兔毛市场行情决定引种数量。初学者一般宜少不宜多，可引 8～10 母兔，2～3 只公兔，待掌握一定的饲养技术后再扩大生产规模。掌握一定养兔知识的专业户可引 100～200 只母兔，25～40 只公兔。具体数量应根据各兔场的实际情况而定。

（四）种兔年龄

老年兔生产性能逐渐下降，30 日龄以下种兔抗病能力和适应性差，因此，一般引进 5 月龄左右的青年种兔，体重 3～3.5kg，引回本场饲养 2 个月左右就能初配。建议对 2 月龄及以下的种兔慎引或不引。

（五）引种季节

肉兔怕热，一般以春季、秋季引种为宜，切忌夏季引种，冬季最好少引，炎热和寒冷的气候极易引起种兔生病，甚至死亡。

（六）减少应激，做好种兔运输工作

为减轻环境、运输等方面的应激反应，运输笼最好每兔一格，密度每只兔占 0.06 ~ 0.08m^2；运输时间最好在晚上运输，途中搞好防暑、防寒、防风等工作；运输时间超过 24h 的，适当饲喂水分少、适口性好的的青绿饲料，切忌饲喂水分含量高的青菜、萝卜等，保证饮水供给。

（七）引种后加强管理

种兔被引进后，应先休息 1 ~ 2h 再卸车放入兔笼，然后饮用添加了电解多维、黄芪多糖、维生素 C、食盐等的水溶液，为防止暴饮，供水量不必太多。饮水 1 ~ 2h 后再饲喂由供种场提供的饲料，在 1 周内逐步将原来饲喂的饲料调整至新饲料，切忌突然变换饲料；种兔的饲喂应按时定量饲喂。种兔运回场后，应进行一段时间的隔离暂养，待观察无病后，方可混群，对兔群应实行有计划的药物防治措施。

第三章 肉兔家庭养殖场的筹建

第一节 肉兔家庭养殖场设计的基本原则

一、必须符合肉兔生物学特性

兔是食草性哺乳动物，具有昼伏夜行和嗜睡性；胆小怕惊，喜干厌湿，嗅觉灵敏，群居性差，打洞穴居，有啮齿行为。养殖肉兔的目的是繁殖更多的后代，育肥后上市提供兔肉。肉兔养殖方式以笼养或群养为主，兔笼可设计为多层式，便于管理。种公兔、母兔舍应注意采光和防风雨，地址应选在安静的郊外。

二、适应当地的气候和地理条件

我国幅员辽阔，各地的自然条件不一，因而对兔舍的建造要求也各有差异。南部地区，雨量丰富、气候炎热，主要是注意防潮防暑；北部地区，高燥寒冷、应考虑保暖；沿海地区多风，要加强兔舍的坚固性和防风措施；山高、风大、多雪地区，特别要注意兔舍屋顶的坚固厚实。

三、建筑学上的经济实用性

在满足肉兔养殖功能的前提下，应考虑建筑材料的选取、要素配置的相对经济性和生产实践的实用性，完善其养殖功能，降低兔舍及养殖设施的建筑成本。

四、便于科学饲养管理

在建筑肉兔养殖场时，应充分考虑到建筑空间和安装机械设备的操作方便性。降低劳动强度，特别是随着用工成本的不断增加，要节省劳动用工人数，减少劳动费用的支出，充分提高劳动安全性和实施劳动保护。

第二节　建设工艺参数

一、性质和规模

肉兔家庭养殖场的性质定为商品兔场，在当地适当提供种兔，自繁自养。三口之家劳动力的养殖规模定为 200 ~ 400 只基础母兔，如请饲养员的规模定为 600 ~ 1 000只基础母兔即可。

二、饲养阶段的划分

（一）种公兔

供配种繁殖用的公兔，初配年龄为 7 ~ 8 月龄，体重 3kg 以上，利用年限 2.5 ~ 3 年。种公兔从 3 月龄起单笼饲养。

（二）种母兔

用作繁殖商品仔兔用的母兔，是兔群再生产的基础。初

配年龄为 6～7 月龄，体重 2.5kg 左右，利用年限 3 年。母兔分空怀期、妊娠期和哺乳期 3 个饲养阶段。空怀期是从仔兔断奶至再次怀孕的休产期。以常规繁殖和半密集繁殖为主，适当采用密集繁殖，以年产 6～7 胎为适宜。

（三）仔兔

从出生至断奶的小兔称仔兔。仔兔自出生至 12 日龄为睡眠期；12 日龄至断奶为开眼期；根据实际生产情况，28～45 日龄均可断奶。

（四）幼兔

从断奶至 3 个月内的小兔称幼兔。

（五）青年兔（中兔）

从 3 月龄至配种阶段的幼兔称青年兔。

三、工艺流程（图3－1）

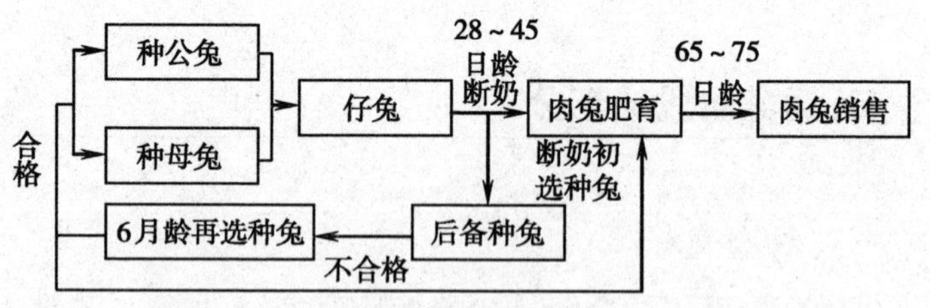

图 3－1　肉兔家庭养殖场生产工艺流程图

注：种兔选留方法见第二篇中第六节相关内容

四、主要工艺参数

1. 性成熟月龄：公兔4~5月；母兔3~4月。

2. 初配月龄：公兔7~8月；母兔6~7月。

3. 发情周期：7~15d。

4. 妊娠期：30~32d。

5. 哺乳期：28~40d。

6. 年产胎数：4~7胎。

7. 每胎产仔数：6~8只。

8. 仔兔初生重：50~70g。

9. 仔兔断奶重：大型兔1 000~1 500g；中型兔450~550g。

10. 仔兔断奶成活率：70%~85%。

11. 幼兔成活率：70%~80%。

12. 公母比：1：(8~10)。

13. 成年兔体重：大型兔6kg以上，中型兔4~5kg。

14. 平均每天每只兔耗料量：150g。

15. 商品肉兔饲料转化率：(2.5~3)：1。

五、饲养管理方式

肉兔饲养方式很多，根据年龄、性别以及各地饲养条件和气候不同，可有放养、栅养和笼养等。家庭肉兔养殖场建议笼养，有条件的地方可用“笼养+放养”、大笼平养。

(一) 笼养

将兔单个或小群饲养在兔笼里，称为笼养。笼养是较为理想的一种饲养方式，其优点是便于控制肉兔的生活环境、饲养管理、配种繁殖以及疾病防治，有利于肉兔的生长发育、品种选择和提高肉品质量。笼养是目前集约化、标准化肉兔养殖较好的饲养方式。

(二) 放养

放养是把兔群长期放在野外饲养，北方在草地上修建围栏，南方在草地、树林或小山坡上修建围栏，配备固定的饮水、投料点。放养肉兔平时自由采食，自由活动，自由繁殖。由于放养方式粗放，肉兔养殖场不提倡采用单独放养的饲养方式，可采用笼养和放养结合饲养的方式比较好。

(三) 大笼平养

这种笼具为一种金属大方笼，规格可按长 2m、宽 1m、高 0.7 ~ 1m 制作，笼底采用竹片或金属（如为金属笼底则需加入兔用脚垫），笼外挂兔用食盒和饮水器。每笼一次可饲养 20 ~ 30 只至出栏。大笼平养因离地面高，单层饲养，通风效果好，是小规模肉兔养殖场商品肉兔短期肥育较好的选择。

六、兔群组成和周转

家庭养殖场多采取自繁自养，以一个规模为 200 只基础母兔的家庭肉兔养殖场为例，若公母比为 1 : 8，则需公兔 25 只。种兔使用年限按 3 年算，则每年更新种公兔 9 只，种母

兔 67 只，每年准备的后备种兔需 100 只左右。每年“春繁”和“秋繁”各用一次半密集繁殖（产后 2 周左右配种），其他时段用常规繁殖（断奶后 1 ~2d 内配种），保证每年至少产 6 胎，每胎产仔 8 只。存栏仔幼兔 2 400只左右（年繁殖 6 ~7 胎，每胎存活6 只，上市时间为65 ~75 日龄，每年7、8 月不配种），全年出栏量6 000 ~7 200只商品兔。

第三节　兔舍建筑形式及建筑要求

家庭农场养殖肉兔以笼养为主，兼有其他养殖方式。一般有单列式兔笼、双列式兔笼和多列式兔笼 3 类。

一、单列式兔舍（图3 -2、图3 -3）

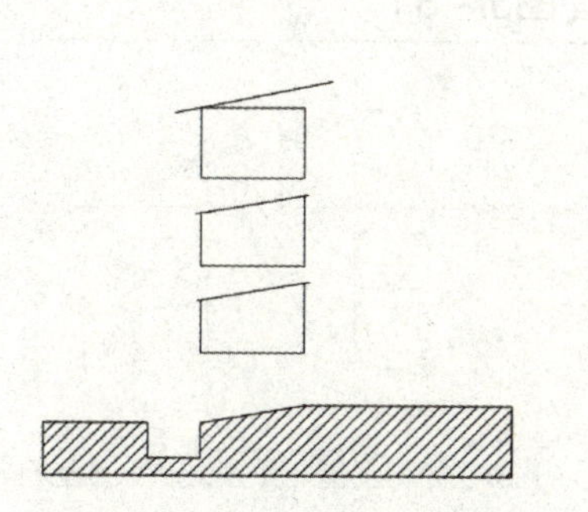

图 3 -2　室外单列式兔舍

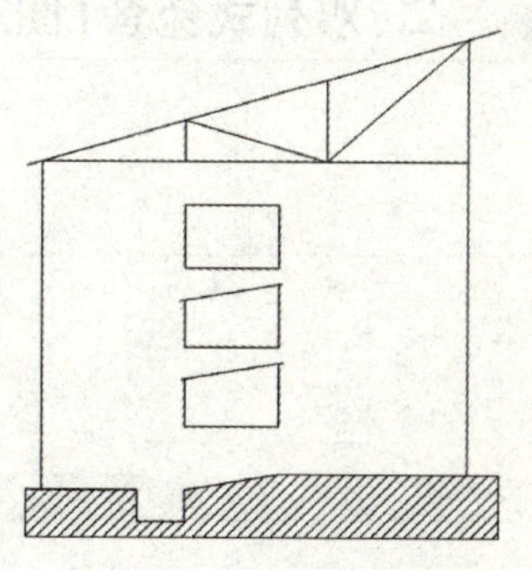

图 3 -3　室内单列式兔舍

室外单列式兔舍：这种兔舍实际上既是兔舍又是兔笼，是兔舍与兔笼的直接结合。因此，既要达到兔舍建筑的一般要求，又要符合兔笼的设计需要。兔笼正面朝南，兔舍采用

砖混结构，单坡式屋顶，前高后低，屋檐前长后短，舍顶采用水泥预制板、石棉瓦或小青瓦，兔笼后壁为预制板，承粪板为水泥预制板或地板砖。为适应露天条件，兔舍地基宜高些，兔舍前后最好要有树木遮阳。这种兔舍造价低，通风条件好，光照充足；缺点是不易遮风挡雨，冬季繁殖小兔有困难。

室内单列式兔舍：这种兔舍四周有墙，南北墙有采光通风窗，屋顶形式不限（单坡、双坡、平顶、拱形、钟楼、半钟楼均可），兔笼列于兔舍内的北面，笼门朝南，兔笼与南墙之间为工作走道，兔笼与北墙之间为清粪道，南北墙距地面20cm 处留有对应的通风孔。这种兔舍冬暖夏凉，通风良好，光线充足，缺点是兔舍利用率低。

二、双列式兔舍(图3-4、图3-5)

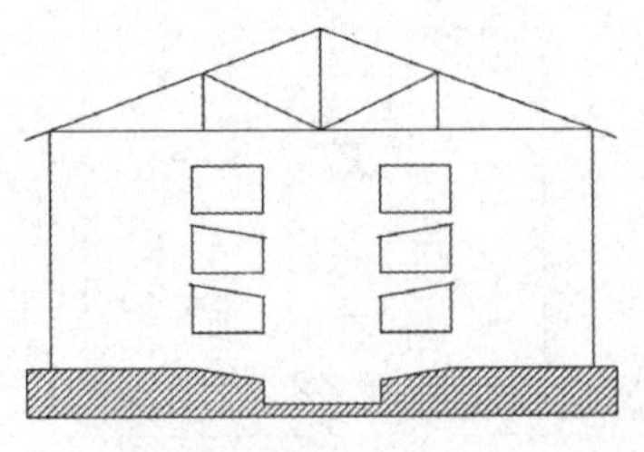

图3-4　室内双列式兔舍示意图

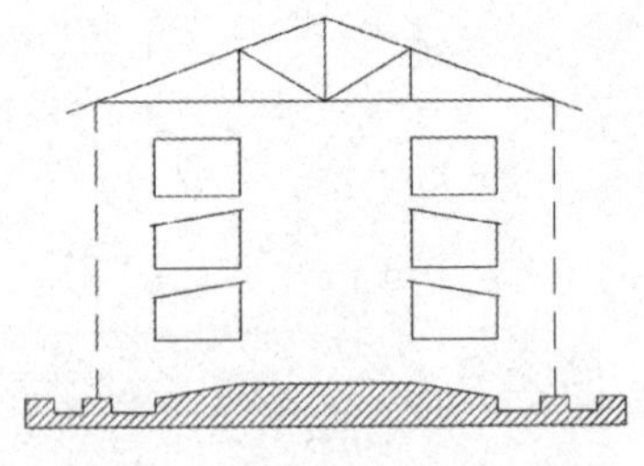

图3-5　半开放双列式兔舍示意图

(一) 室内粪沟双列式兔舍

为两排兔笼背靠背，两列兔笼之间为粪沟，兔笼门的两

面为人行道，屋顶为双坡式（“人”字顶）或钟楼式。南北墙有采光通风窗，接近地面处留有通风孔。兔笼结构与单列式兔舍基本相同。这种兔舍，室内温度易于控制，通风透光良好，饲养员可在室内操作。由于空间利用率高，饲养密度大，在冬季门窗紧闭时有害气体浓度也较大。

（二）室内粪沟双列式兔舍

这种兔舍为半开放式兔舍。两排兔笼面对面而列，两列兔笼的后壁就是兔舍的两面墙体，两列兔笼之间为工作通道，粪沟在兔舍的后壁外侧（室外），舍外有专门的粪污沟、雨水沟和清污通道。屋顶为双坡式（“人”字顶）或钟楼式，屋顶雨水直接滴入雨水沟内。这种兔舍通风好，饲养人员操作方便，但冬季需安装卷帘，夏季也需专门的舍顶降温设施或通过场内绿化降温。

三、多列式兔笼（图3－6、图3－7）

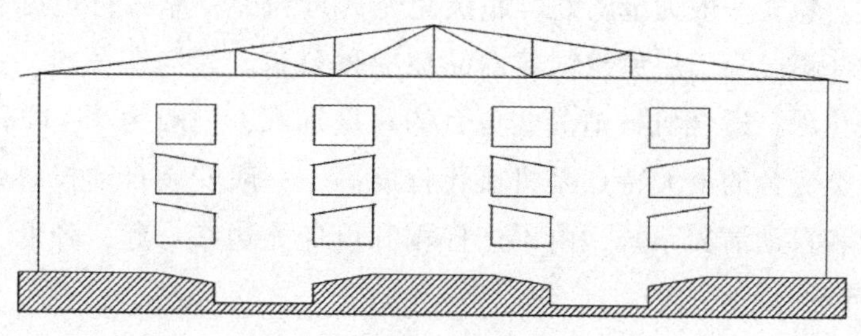

图3－6　垂直多列式兔舍

（一）垂直多列式兔舍

室内以四列三层式为主，也有6列、8列等，也有列单层式。屋顶为双坡式，其他结构与室内双列式兔舍大致相同，只是兔舍的跨度加大，一般为8～12m。这类兔舍的最大特点是空间利用率高，缺点是通风条件差，室内有害气体浓度高。湿度比较大，需要采用机械通风换气。

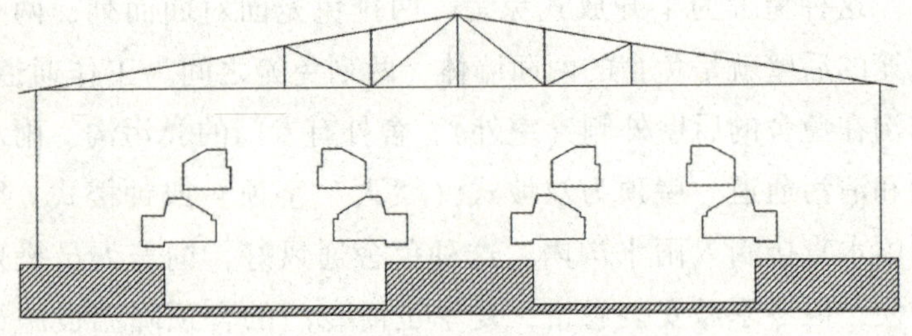

图3-7　阶梯多列式兔舍

（二）阶梯多列式兔舍

室内以多列二层式为主，也有多列三层式。屋顶为双坡式。兔笼一般为金属笼，底层兔笼为母兔笼，靠人行道处有产仔箱。第二层兔笼饲养商品兔或种公兔。粪沟在舍内，一般较深，适合机械清粪。兔舍的跨度加大，一般为8～12m。这类兔舍的最大特点是机械化程度高，一般安装自动投料系统和自动清粪系统，由于产仔箱和母兔笼边在一起，降低了接产的劳动强度。

第四节　兔舍常用设备

一、兔笼(表3－1)

家庭养殖场推荐使用传统三层式兔笼（水泥预制件兔笼或镀锌金属笼）或二层、三层阶梯式兔笼（镀锌金属笼）。兔笼以兔体长为标准，一般笼长为兔体长的1.5～1.8倍，笼宽为兔体长的1.2～1.5倍，笼高为兔体长的1～1.2倍。育肥兔笼按每平方米18只，每笼6～8只为佳。笼底板使用竹片钉成，漏缝为1.5～2.0cm；金属笼在种兔笼内需单独放置脚垫，以预防种兔脚皮炎等。

表3－1　兔笼尺寸（推荐）　　单位：cm

项目	中型兔用	大型兔用
第一层底板和地面距离	30	30
笼门高	40～45	45～50
后墙高	30～35	35～40
径深	50～60	60
笼宽	60	70
沉粪板规格	67×60	78×70
底板和沉粪板距离（前/后）	10/20	10/20

二、食槽

可在市场购买兔专用食槽或用水泥、陶瓷或竹筒自己制

作。选购或制作食槽应考虑防止肉兔“扒槽”的习惯，尽量固定食槽。

三、草架

小型家庭养殖场可设草架，三层传统兔笼一般在笼门旁用铁丝制成“V”形。阶梯式兔笼投牧草一般直接放在笼顶部即可，可不单独设草架。

四、饮水器

肉兔常用的有乳头式和鸭嘴式两种，饮水管采用不透光的塑料管。每栋兔舍饮水系统可分为二组或三组，每组饮水系统要配加药桶，以便从饮水中投放药物，每组饮水系统最低处设水笼头或水阀，便于清洗管道。

五、产仔箱

用1.5～2.0cm厚木板钉制，箱底开孔。也可直接购买塑料箱作为产仔箱。

六、仔兔保温设备

根据每批产仔窝数和产仔箱大小制作保温设备。一般可采用木板钉制成“多层货架式”保温箱，每层安装加热管（板），用温度控制器控制。小型家庭养殖场可用红外线灯或白炽灯加热，配两三只温度计即可。

第五节　400 只生产兔群肉兔家庭养殖场设计举例

一、生产工艺设计

（一）性质和规模

该肉兔场为 400 只基础母兔兔场，年出栏商品肉兔 12 000 ~ 14 000只。

（二）主要工艺参数

采用本章第一节中介绍的各项参数。

（三）饲养管理方式

该肉兔家庭养殖场设计的劳动强度为夫妻两人。采用室内笼养、自繁自养，投料、清粪等为人工操作。

（四）兔群组成和周转

基础母兔 400 只，若公母比为 1∶8，则需公兔 50 只。种兔使用年限按 3 年算，则每年更新种公兔 17 只，种母兔 134 只，每年准备的后备种兔需 151 只左右。每年“春繁”和“秋繁”各用一次半密集繁殖（产后 2 周左右配种），其他时段用常规繁殖（断奶后 1 ~ 2d 内配种），保证每年至少产 6 胎，每胎产仔 8 只。存栏仔幼兔 4 800只左右（年繁殖 6 ~ 7 胎，每胎存活 6 只，上市时间为 65 ~ 75 日龄，每年 7、8 月不配种），全年出栏量 12 000 ~ 14 000只商品肉兔。

（五）兔场建筑种类和面积（表3－2）

该肉兔场设计两栋兔舍，采用水泥预制件三层式兔笼，每栋360个笼位，共720个笼位。设单独的兽医室、隔离室、饲料储藏室、管理办公室和宿舍。兔场饮水为地下水或井水，单独的蓄水池。建筑面积共422.4m²，按建筑物占地20%计算，全场需要场地面积为2 107m²（约3.2亩）。

表3－2　400只基础母兔家庭肉兔养殖场建筑物种类和建筑面积

建筑物名称	栋（间）数	每栋（间）面积（长×宽，m）	总面积（m²）
兔舍	2	39.0×3.8	296.4
隔离舍	1	5.0×3.8	19.0
消毒间	1	3.0×2.0	6.0
饲料间	1	4.0×4.0	16.0
饲草吹凉间	1	5.0×4.0	20.0
兽医室	1	4.0×4.0	16.0
管理办公室	1	4.0×4.0	16.0
宿舍	1	4.0×4.0	16.0
粪污处理区	1	4.0×4.0	16.0
合计	10		421.4

二、兔舍设计

本家庭养殖场兔舍为半开放双列式兔舍，用砖或钢管立柱，舍顶用彩钢加隔热层，四周无墙体。兔笼为水泥预制件制作，笼后壁为兔舍墙面。室外粪污沟与雨水沟分离，中间为人行过道，用于工人清污通道，雨水直接滴入雨水沟内。全场雨污分流后，只有粪污进入粪污处理区处理。

三、兔场总平面图(图3－8)

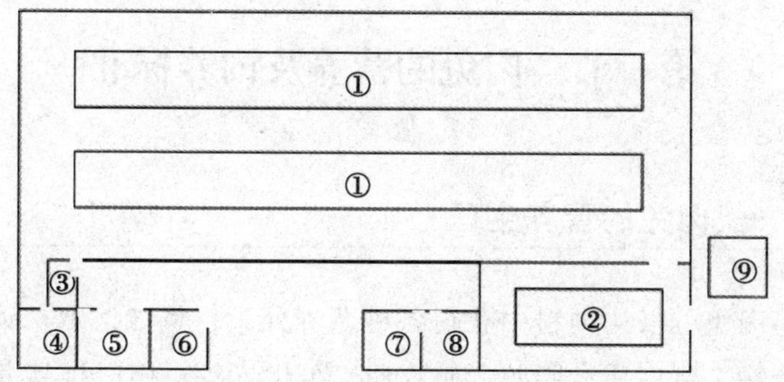

图3－8　兔场总平面布局示意图

①兔舍　②隔离兔舍　③消毒通道　④饲料储藏室　⑤牧草吹凉间　⑥兽医室　⑦管理办公室　⑧宿舍　⑨粪污处理区

第四章 肉兔饲养实用技术

第一节 肉兔的营养及饲养标准

一、肉兔的营养生理

肉兔可以从饲料中获得各种营养元素，例如，水、碳水化合物、蛋白质、脂肪、矿物质、维生素等，用以维持其正常的生命活动及生产需要。饲料供应不足，营养搭配不均衡，会直接影响肉兔的生长发育及繁殖生产，造成兔体营养平衡失调，新陈代谢紊乱，免疫力下降，甚至造成肉兔死亡，对肉兔的家庭养殖造成极大的经济损失。因此，按照肉兔的营养需要配制营养全面、均衡的日粮，才能显著提高饲料的利用率，获得更好的生产效益。

（一）能量物质

饲料中的碳水化合物、蛋白质、脂肪都是肉兔生长繁殖的能量提供者，为肉兔维持体温、呼吸、消化、排泄、生殖、活动等基本的生理机能提供能量。其中，碳水化合物是能量的主要提供者，它还可以调节肉兔体内代谢，防治酸中毒。

肉兔所需要的碳水化合物主要来源于植物性饲料，如玉

米、大麦、麦麸、高粱、米糠。碳水化合物包括单糖、双糖、淀粉、纤维素等，肉兔能够充分利用单糖和双糖，可消化吸收82%以上的淀粉。对纤维素的消化率则有一定的差异，然而适当的纤维素可以促进消化道的正常蠕动，使肉兔排泄顺利，大量使用精料时要注意日粮中粗纤维的含量。

（二）蛋白质

蛋白质是肉兔生长的物质基础，是构成细胞的基础有机物，是兔体内多种酶、激素、抗体、精子、卵子等生物活性物质的基本组成成分，机体中的每一个细胞和所有重要组成部分都有蛋白质，是构成肉兔机体的最主要成分。蛋白质是含氮的有机化合物，除氮外，还含有碳、氢、氧等元素，部分含有少量的硫元素，有的蛋白质还含有磷、铁、铜、锰、碘等微量元素。蛋白质是构成生命体的物质基础。

氨基酸是蛋白质的基本单位，肉兔食用的蛋白质，经过兔体内消化、分解成为游离氨基酸，再根据不同的生理需要及组织需要，将不同的氨基酸合成为机体所需的体蛋白。氨基酸分为两类：一类是动物体自身可以通过各种生理反应合成的，称为非必需氨基酸；另一类则是动物体内不能合成的，只能通过外源食物补充的氨基酸，称为必需氨基酸。必需氨基酸同样是维持机体正常机能不能缺少的，如果肉兔饲料中缺乏必需氨基酸，则会造成肉兔生命活动紊乱，严重影响其正常的生产活动。必需氨基酸不能由机体合成，必须通过饲料来进行补充。目前，发现的氨基酸有22种，其中8种是必需氨基酸。肉兔的必需氨基酸有：组氨酸、亮氨酸、蛋氨酸、精氨酸、赖氨酸等。根据研究显示，日粮中添加含量为

0.6%、0.65%、0.6%的精氨酸、赖氨酸、含硫氨基酸可以使生长兔日增重35～40g。

蛋白质的品质是决定肉兔饲料中蛋白质质量的重要因素。蛋白质中肉兔需要的氨基酸越完全，比例越适宜，则肉兔对它的利用率就越高。生产实践中，为提高蛋白质的利用率，采用多种饲料配合，使不同的必需氨基酸能够相互补充。例如，豆科植物中含有较多的赖氨酸和色氨酸，就可以补充玉米饲料中缺乏的这两种必需氨基酸，两者配合使用可以提高口粮蛋白质的利用率。在饲料蛋白质品质、营养配比较合理的情况下，不同生理时期肉兔对蛋白质的需要量为：生长兔16%，妊娠兔15%，哺乳母兔17%，空怀兔14%。若饲料中蛋白质含量不足，营养元素比例不均衡，肉兔会出现生长缓慢，体重减轻，精液品质下降，母兔不发情，受孕难、少奶，胎儿发育不良等问题。而蛋白质含量过多，会造成饲料浪费，增加饲料成本，影响肉兔健康，引发机体功能紊乱，甚至造成蛋白质中毒。

（三）水

水是肉兔的重要营养物质，任何生物都离不开水，水参与机体内绝大部分的生理活动及行为反应，是各种营养物质消化、吸收的基础。水约占肉兔体重的70%，主要参与肉兔的消化、吸收、运输、分解、代谢、免疫等多种生理机能。肉兔饮水不足，会造成食欲减退、精神沉郁，导致肉兔喝尿、乱食杂物，严重影响肉兔的消化功能，诱发消化道疾病的产生。幼兔缺水，其体重会大幅度下降，抑制幼兔的生长发育。产后母兔饮水不足，会造成少乳、吃食幼崽等问题。种公兔

饮水不足，会发生性欲减退，精液品质差等问题。根据研究显示，充分供水的肉兔的日增重是低供水肉兔的24倍。

一般日常饲料中含有的水分不能满足肉兔的生理需要，需要进行补充饲喂。养殖户需要提供一定量的清洁饮水，通过饲喂器饲喂的肉兔，一般在每次喂料后提供清洁水给肉兔饮用。一般成年兔每天的需水量为干饲料食用量的2～3倍，生长发育的幼兔和哺乳母兔需水量为3～5倍，主要根据养殖场环境、肉兔生长阶段及饲料组分进行合理配比。温度高、饲料含水量低时，需要加大供水量。当气温由20℃升高到30℃时，家兔的饮水量需增加50%以上。饲喂颗粒饲料时，中小型兔每天需水量为300～400mL，大型兔为400～500mL。

（四）脂肪

脂肪是肉兔的主要能量来源之一，也可以起到贮存能量的作用，能沉积体脂，起到缓冲及保护机体内脏的功能，是兔体组织的重要组成物质，还是脂肪酸、磷脂及维生素溶剂的主要来源。在肉兔日粮中添加2%～5%的脂肪，能够极大的提高饲料的适口性，促进肠道吸收脂溶性维生素。缺乏脂肪会严重抑制维生素A、D、E、K的吸收。此外，兔体正常的内分泌和外分泌活动也都需要脂肪作为能量，特别是哺乳兔，需要脂肪来促进母乳的分泌。

肉兔体内的脂肪可以通过饲料中的碳水化合物转化为脂肪酸后合成。然而，脂肪酸中的亚麻油酸、次亚麻油酸、花生四烯酸在兔体内不能合成，需要通过饲料进行供给，因此，也被称为必需脂肪酸。必需脂肪酸在肉兔体内作用较为复杂，缺乏时会造成生长发育不良，繁殖能力下降等问题。一般豆

类、米糠、鱼粉含脂肪较多，能够为肉兔提供足够的脂肪营养需要。

（五）矿物质

矿物质是指生物体中的多种无机元素，其中，包括常量无机元素和微量无机元素，约占兔体重的5%。其中，常量无机元素是在体内含量超过0.01%的矿物质元素，包括钙、磷、钠、氯、钾、镁等；而微量无机元素是在体内含量不超过0.01%的矿物质元素，包括铁、铜、锌、锰、钴等。矿物质主要参与机体内各种生命活动，例如调节体内渗透、保持酸碱平衡、参与神经的兴奋性传导等；矿物质还是体内多种生物活性物质的重要组成部分，在新陈代谢过程中起着至关重要的作用，是肉兔正常生长和繁殖所必需的营养元素。

1. 钙和磷：钙和磷是兔体内含量最多的两种元素，是骨骼和牙齿的主要组成成分。钙还存在于细胞和组织液中，对神经传导、肌肉收缩以及血液的凝集有着重要的作用。而磷在血清、蛋白质、核酸和磷脂中都存在，还是三磷酸腺苷（ATP）、二磷酸腺苷（ADP）以及磷酸六碳糖的重要组成部分，在碳水化合物代谢中起着至关重要的作用。钙的吸收受到日粮中钙、磷、维生素D含量的影响，通常认为钙和磷比例为（1.5～2）：1时吸收率较高。泌乳母兔由于产奶排出大量的钙和磷，因此，必须适当提高日粮中钙和磷的含量。当日粮中缺少钙、磷时，易导致肉兔患软骨病、产前产后瘫痪及幼兔佝偻病。一般认为肉兔日粮适宜的含钙量为1.0%～1.5%，磷为0.5%～0.8%。

2. 钾：钾是细胞内的主要阳离子，缺乏时，容易引发机

体机能和结构的异常，造成严重的肌肉营养不良。生长兔日粮中钾的含量最少为0.6%。在实际饲养中，必须重视兔日粮中钠、钾、氯的平衡，若日粮中钾含量过高则容易引发肉兔患肾炎。某些牧草具有蓄钾效应，因为施用钾肥而大幅度提高了该牧草的钾含量，因此，在饲用这类牧草时要注意控制肉兔的采食量，避免因钾摄入过多而引起兔体内矿物质平衡失调。

3. 钠和氯：钠和氯是食盐的主要组成成分，存在于肉兔的体液中，两种元素协同维持了细胞外液的渗透压，参与胃酸的合成，维持胃内适宜的酸度。同时，钠和氯对淀粉酶、神经传导、肠蠕动也都有影响。缺乏钠和氯会导致肉兔食欲不振，生长缓慢，皮毛粗糙，出现异食癖。在肉兔日粮中应加入0.5%的食盐（氯化钠），用于满足肉兔对钠和氯的生理需要。

4. 镁和硫：生长兔对镁的需要量为日粮含量的0.03%，而妊娠及泌乳的母兔则需要0.04%的镁供应量。镁含量过高或过低容易造成肉兔吃毛、皮毛品质下降、生长发育不良或引发过度兴奋而痉挛。缺乏硫会抑制兔肠道微生物的组成和功能，影响纤维素的消化，日粮中含有0.04%的硫可满足肉兔对硫的需要。

5. 铜：铜是多种生物酶的组成成分，主要存在于肝、肾、心脏和大脑中，参与血红蛋白和毛色素的合成，能够促进机体对铁元素的吸收。当机体内缺乏铜元素时，会影响铁的吸收利用率，即使铁含量丰富，也会引发贫血，出现消瘦、下痢、生长缓慢、皮毛粗糙、生育能力显著下降。一般谷物籽

实及其加工副产品中含有丰富的铜元素，饲喂肉兔的饲料铜含量为3mg/kg时即可以满足需要。有研究显示，饲料中铜含量为200mg/kg能够促进幼兔的生长、提高早期受精卵的附植成活率。

6. 铁：铁是组成血红素和肌红蛋白的必需元素，是细胞色素酶类和多种氧化酶的重要组成部分。在实验条件下，缺铁会诱发兔患低色素小细胞性贫血症，从而严重影响兔的生长和繁殖。为保证肉兔对铁的需求，生长兔和妊娠母兔日粮干物质中的含铁量为50mg/kg，泌乳兔为100mg/kg。

7. 锌：锌可以通过与兔体内的多种含锌酶的合成来加速激素的合成与释放，促进核酸与蛋白质的合成、细胞的分裂、生长和再生，主要存在于合成核糖核酸的酶系统中，是细胞生长的必需元素，同时锌对精子的成熟也具有重要的作用。缺锌会造成肉兔黏膜、皮肤发炎，脱毛，骨骼畸形，免疫功能下降，抗病能力弱，消化不良，腹泻，性功能降低，胚胎早死率增加，产仔率下降等问题。一般可以通过添加硫酸锌来缓解缺锌症。

8. 锰：锰元素能够促进机体内骨骼、性器官的正常生长发育，对肉兔的生长、繁殖及造血都起着重要的作用，是兔体内骨组织和性激素必需酶的组成成分。肉兔缺锰时，易对软骨生长造成损害，卵巢及睾丸不能正常发育或发生萎缩，导致肉兔长骨弯曲，骨的重量和密度降低；性机能发育不全或衰退，孕兔产死胎、弱胎等严重问题。为肉兔提供锰元素主要通过添加硫酸锰或饮用含有高锰酸钾的清洁水，含量为80mg/kg。

9. 钴：钴是加速兔毛生长的重要微量元素，是肉兔消化道微生物合成维生素 B_{12}所必需的元素，同时，钴缺乏症易发生于土壤缺钴的地区，通过饲喂含有氯化钴、硫酸钴的饲料，可防治家兔的缺钴症。

（六）维生素

维生素是人和动物为维持机体正常的生理功能、生命活动而必需的一类微量有机物质，在兔体生长、发育、代谢、生产等过程中具有十分重要的作用，维生素不参与构成机体细胞，也不是能源物质。它作为一组具有高度生物学特性的低分子化合物，对维持家兔的正常生理机能有着不可替代的作用。如果缺乏，会诱发多种维生素缺乏症，造成生长缓慢、繁殖力下降、代谢紊乱、抗病能力下降、甚至死亡。各类维生素均由碳、氢、氧组成，部分还含有一种或者多种矿物质微量元素，除少部分维生素可以在动物体内合成以外，一般都需要由饲料供给。维生素主要分为脂溶性维生素和水溶性维生素。

1. 脂溶性维生素：

（1）维生素 A：植物性饲料中不含有维生素 A，只含有胡萝卜素，即维生素 A 源，它可以在肠壁和肝脏中转变为维生素 A。也可以通过饲喂动物体及其副产品中的维生素 A 进行补充。在青饲料供给顺利的情况下，饲料中含有 50mg/kg 的胡萝卜素即可防止维生素 A 缺乏，保证肉兔的正常生长繁殖。维生素 A 与肉兔的视觉上皮细胞、消化及生殖上皮细胞的健全功能有着密切的联系，缺乏时，可造成兔眼结膜角质化，发生夜盲症；幼兔下痢脱水死亡；种公兔射精量减少；

母兔不易受孕和受胎率下降，容易发生流产和产出畸形兔等问题。饲料加工过程中易造成胡萝卜素的大量损失，因此，在对青饲料高温、高压、化学处理及贮存条件上要多加注意。

（2）维生素 D：维生素 D 是保证钙、磷吸收的微量营养物质，能够调节钙和磷在骨骼中的沉积。维生素 D 缺乏，肉兔易患佝偻病、软骨病、牙齿发育不良等疾病。维生素 D 过多，可造成肉兔维生素 D 中毒，使软组织钙化。维生素 D 广泛存在于动物体中，植物中一般不含有维生素 D，而含有维生素 D_2 原（麦角固醇），经过日光照射可转变为维生素 D_2。兔体皮肤中含有 7-脱氢胆固醇，经阳光照射后可以转化为维生素 D_3。豆科牧草中含有丰富的维生素 D。

（3）维生素 E：维生素 E 又称为生育酚，在兔体内参与调节碳水化合物代谢，防止细胞中不饱和脂肪酸、维生素 A 等易氧化物质被氧化破坏；可以促进性腺的发育成熟和生殖功能的健全，与肉兔的生殖力有重要的关系。此外，维生素 E 与神经、肌肉组织代谢有关，严重缺乏时，可引起肌肉营养不良。家兔饲料中维生素 E 会随着饲料贮存时间的延长而不断损失，青饲料在自然干燥时维生素 E 可损失 90% 左右，因此，在一般饲喂条件下，还需要在日粮中添加适量的维生素 E，添加量为 20～25mg/kg；当缺乏新鲜青饲料时，为维持维生素 E 的供应，添加量需要增加至 40mg/kg。

（4）维生素 K：维生素 K 能够促进兔体内凝血酶原的形成。维生素 K 缺乏易影响兔体的血液凝固，使外伤的凝血时间增加或出血不止。植物性饲料中含有丰富的维生素 K，同时家兔肠道内也能合成，因此，肉兔一般不易缺乏。

2. 水溶性维生素：维生素 B 族：维生素 B 族属于水溶性维生素，包括核黄素（B_2）、泛酸（B_3）、烟酸（B_5）、吡哆醇（B_6）、维生素 B_{12}。

（1）维生素 B_2：主要参与肉兔体内的氧化还原反应，对主要营养物质的代谢过程具有重要的作用。核黄素缺乏时，易造成食欲不振、毛皮粗糙、生长不良，影响肉兔的繁殖与泌乳。一般核黄素在青饲料和动物饲料中含量丰富，肉兔可以在饲料中获得充足的核黄素。

（2）维生素 B_3：与肉兔体内脂肪和胆固醇的合成有关。泛酸缺乏时，家兔易发生皮肤和眼的疾病。泛酸广泛存在于各种饲料中，然而饲料的高温加工会破坏泛酸，因此，在饲料的生产加工时要注意方式与方法。

（3）维生素 B_5：是机体内部分生物酶的重要组成成分，参与细胞的呼吸和代谢。缺乏时，会引发食欲不振、生长发育不良、下痢、皮毛粗糙。烟酸可在肉兔体内由色氨酸合成，并广泛分布于各种饲料中。谷实类饲料含量较多，但是，呈结合状，不易被兔体利用。

（4）维生素 B_6：主要参与氨基酸代谢过程，是代谢酶的重要组成成分，如转氨酶和氨基酸脱羧酶的辅酶成分。吡哆醇缺乏，会造成兔体蛋白质沉积减少，对铁的吸收利用率降低而发生细胞生成障碍性贫血，导致家兔生长速度缓慢，神经系统病变，出现供给失调和抽风等问题。一般饲料中吡哆醇含量并不能满足肉兔的生长需要，因此，必须加以补充，生长幼兔的饲料应补充吡哆醇 50mg/kg，其他兔则补充 40mg/kg。

（5）维生素 B_{12}：维生素 B_{12} 是一种含钴元素的维生素，具有促进肉兔体内蛋白质合成的作用，维生素 B_{12} 可以在机体内合成，可以不用依靠饲料供给，与日粮的组成无关。

二、肉兔的饲养标准

饲养标准是动物生产计划中组织饲料供给、设计日粮配方、平衡饲料营养并对动物进行标准化生产的技术指南和科学依据，是总结大量的饲养经验、实验结果并结合生产实际，对各种不同动物所需要的营养物质进行定额、系统的规定。它确定了特定品种的动物在不同体重、年龄、性别、生理状态和生产水平条件下，每天应该供给的能量和各种营养物质的数量和比例，同时对加工手段、运输手段、贮存手段也做出了一定的规定。饲养标准一般分为两大类：一类是国家标准，即由国家相关部门规定和颁布的标准，在全国范围内都具有很强实用价值；第二类则是行业、企业标准，一般是由大型的育种公司或集团，根据优良品种或具有产业特色的特殊品种的特点而制定的。一般的饲养标准包含两个部分，即营养需要量表和常用饲料的营养价值表。饲养标准中包含的各项营养元素都具有其特殊的营养作用，缺少或者超量都可能引起肉兔的不良反应。饲养标准的制定是为了指导肉兔的科学饲养，提高产品率，降低饲料成本，主要用于为畜禽配制合理、营养均衡、全价的日粮饲料，作为畜牧场制定全年饲料供应计划的依据。

饲养标准具有一定的局限性，只能针对特定品种的畜禽，

是在一定的生产条件下制定的，在使用时应该结合当地当时的肉兔品种、饲料资源、环境条件、生产水平等灵活应变，适当调整，不能完全按照饲养标准生搬硬套。其次，饲养标准本身也具有滞后性，不是完全正确的，也不是一成不变的，随着经济的发展与饲养技术的不断提高，饲养标准也需要与时俱进，进一步发展。

第二节　肉兔的常用饲料

一、常用的肉兔饲料

肉兔饲料的种类有很多，按照不同的分类方式，可以分为不同的饲料。一般按营养特性可以分为青绿饲料、多汁饲料、能量饲料、粗饲料、蛋白质饲料、矿物质饲料、维生素饲料和饲料添加剂八类，每种饲料在肉兔日粮中所占比例主要取决于它们自身的营养价值和经济成本，最终还要看它能否给养殖生产带来经济效益。在能量饲料中，一般以玉米为标准，主要比较各种能量饲料的营养配比和成本价格；而在蛋白质饲料中一般以豆粕为标准，重点比较各种蛋白质饲料的市场价格和品质，价格低、品质好则可以选用。

（一）青绿饲料

肉兔可以食用天然牧草、野草、野菜和树叶等青绿饲料。一般青绿饲料含水量较高，一般可达60%～80%，某些水生植物，如水浮蓬、水葫芦等水分可高达95%左右。大部分青绿饲料具有良好的适口性，蛋白质营养价值丰富，含有各种

必需氨基酸、特别是赖氨酸、蛋氨酸和色氨酸含量丰富。此外，青绿饲料中除维生素 D 外，其他维生素含量也很高。青绿饲料一般柔嫩多汁，容易被肉兔消化吸收。通过加工的青绿饲料仍然具有较好的营养价值。

在我国北方的 4 ~ 10 月、南方几乎全年都有饲喂肉兔的各种青绿植物性饲料。这类饲料既可在春、夏、秋 3 季作为肉兔的鲜饲料，还可晒成干草加工成草粉供冬季使用。用于饲喂肉兔的青绿饲料可分为两类，即野生饲料和人工栽培饲料。野生饲料包括各种野草、野菜以及野生植物的树叶等，都可以作为肉兔的饲料；而栽培的饲料包括人工牧草、青刈作物和蔬菜边皮等。

1. 蔬菜类：多种绿色蔬菜都可以作为肉兔的青绿饲料，且适口性较好。但青菜、大白菜一次喂量不宜太多，因其粗纤维含量低、水分含量高，吃多了易引起拉稀、腹泻，饲喂时可以与青干草同时饲喂，效果更好。苞菜，又称卷心菜，产量高，营养好，易贮藏，可以作为冬季青饲料的主要来源。

2. 树叶类：树叶类也是肉兔的好饲料之一，其中，以桑树叶、榆树叶、槐树叶最好。槐树叶不仅适口性好，而且营养价值高，除鲜喂外，还可晒干粉碎成槐叶粉，加工成颗粒饲料。

3. 青刈作物：利用农田栽培的农作物或饲料作物，在其结实前或结实期收割作为青绿饲料利用，称为青刈作物。常见的有青刈玉米、青刈燕麦、青刈大麦、青刈大豆苗、豌豆苗、蚕豆苗等，其中，青刈大麦苗以及青刈大豆苗由于适应性强、生长快、适口性强，是肉兔很好的青绿饲料来源。

4. 人工牧草：

（1）紫花苜蓿：新鲜的苜蓿是饲喂肉兔较好的青绿饲料之一，它不仅营养价值高，而且适口性好，肉兔喜欢采食。用苜蓿饲喂哺乳母兔和仔兔，有利于促进母兔奶水的分泌和仔兔的生长发育。

（2）鲁梅克斯 K－1 杂交酸模是我国单位面积粗蛋白产量最高的牧草品种，为多年生植物，高产期 10～15 年，亩（1 亩≈667m^2。全书同）产鲜草 10～15 吨，适应性强，营养丰富，干物质粗蛋白含量可达 29%～34%；含有 18 种氨基酸，营养全面，适口性好，各种畜禽都喜好食用；由于水分含量高，粗纤维含量较低，适宜与其他干草饲料搭配喂兔。

（3）苦荬菜：又称鹅菜，亩产可达 5 000～10 000kg，适应能力强，营养价值高，鲜嫩可口，肉兔爱吃，是很好的青绿饲料。

（二）多汁饲料

块根、块茎、瓜果类的多汁果实以及块根加工后的副产品（如甜菜渣）等可以作为肉兔食用的多汁饲料，是一种富含水分的肉兔饲料。这种饲料营养成分不完全，蛋白质含量少，粗纤维含量低，但淀粉和糖分含量高，家兔喜欢吃，能够给肉兔提供大量的碳水化合物。多汁饲料适宜于喂食哺乳母兔，有促进乳汁分泌的作用，方便贮存，因而可保存至青饲料缺乏的季节使用。饲喂多汁饲料时，要和水分含量低、粗纤维含量高的饲料（如粗饲料）搭配使用，不宜以单一的多汁饲料长期饲喂，且要限制饲喂量。常吃的多汁饲料有土豆、胡萝卜、萝卜、甘薯、南瓜、冬瓜、西瓜皮、木瓜、菊

芋（洋姜）、葫芦和番茄等。

（三）能量饲料

能量饲料主要是为肉兔提供能量的饲料，提供肉兔正常生长发育所需要的基础能量，一般为干物质中粗纤维含量低于18%，而蛋白质含量低于20%的饲料。能量饲料主要是为肉兔提供大量易于消化吸收的能量物质，因此一般蛋白质含量较低，钙离子等矿物质、维生素种类不完全。家庭饲养肉兔常用的能量饲料主要有各类作物的种子，如大麦、小麦、玉米、高粱等籽实；粮食加工副产品中的米糠及麦麸等。在家庭饲养的单胃家畜中，肉兔所需的能量较低。

1. 玉米：玉米是重要的贮备粮食之一，具有种植面积广，营养价值丰富等特点，可以利用其作为肉兔的主要能量饲料。玉米含有较高的能量物质，碳水化合物、粗蛋白、粗脂肪、粗纤维在玉米中含量较高。然而玉米中缺乏赖氨酸、色氨酸等多种肉兔必需的氨基酸，因此，在使用玉米配制肉兔日粮时，必须注意蛋白质饲料的补充，适量的补全营养成分。玉米籽实中缺乏维生素 B_{12}，核黄素及泛酸含量较低，部分品种的玉米含有较大量的胡萝卜素。玉米作为饲料在贮藏过程中要保持较低的含水量，防治霉变，使用时再将其粉碎，配制肉兔日粮。

2. 麦麸：麦麸成本低廉，包括大麦麸以及小麦麸，能够为肉兔提供大量能量的物质，营养价值相对较高，富含B族维生素及维生素E。麦麸和其他能量饲料相比质地膨松，具有很好的适口性，肉兔喜欢采食，可用于弥补玉米饲料中必需氨基酸含量不足的问题，同时大量的纤维素及镁盐有利于肉兔通便，是妊娠后期母兔和哺乳母兔的重要饲料。麸皮在家兔日粮中的用量可高达40%。

3. 大麦：大麦在用量上仅次于玉米，也是一种重要的能量饲料，由于大麦在我国种植面积广，极易获取，因此也是肉兔日粮的重要组成成分。大麦含有丰富的蛋白质、脂肪、纤维素，含有少量的矿物质及微量元素，含有丰富的维生素 B_1 和维生素 B_5，适口性较好。且由于大麦适应性强、再生能力优秀，不仅是良好的精饲料，还可以将麦苗加工成青绿饲料供肉兔食用。

4. 米糠：米糠含有丰富的B族维生素及锰、磷等微量矿物元素，但是由于米糠容易变质，一般在日粮中比例较低。

5. 高粱：高粱多种植于玉米不适宜生长的半干旱地区，能够作为玉米的代替谷物。蛋白质、脂肪及纤维素含量与玉米相似，必需氨基酸含量较少。

（四）蛋白质饲料

蛋白质饲料可以为肉兔提供充足的蛋白质和丰富的必需氨基酸，一般干物质中粗蛋白质含量20%以上、粗纤维含量18%以下的饲料称为蛋白饲料。包括植物蛋白质饲料和动物蛋白质饲料。植物蛋白饲料主要有豆类和饼粕类饲料，主要包括大豆、蚕豆、大豆饼粕、花生饼粕、棉籽饼粕、菜籽饼粕、芝麻饼粕等，其中以大豆、大豆饼粕和菜籽饼粕应用最多，是最主要的植物蛋白质饲料；动物蛋白质饲料主要有鱼粉、蚕蛹、血粉等。

1. 植物蛋白质饲料：

（1）豆饼和豆粕：豆饼是大豆压榨后的副产品，而豆粕是大豆浸提后的副产品。粗蛋白含量在43%左右，胡萝卜素

及维生素 D 含量较低，维生素 B_5 含量丰富，一般作为家兔配合饲料中的主要蛋白质来源。生豆粕、豆饼需要加热分解其中影响消化的成分才能用于肉兔的日粮配制。

（2）花生饼粕：花生饼粕的营养价值相当丰富，可以与豆饼豆粕媲美，粗蛋白含量约为 47%，其中，精氨酸及组氨酸含量丰富，赖氨酸、蛋氨酸、钙离子、胡萝卜素及维生素 D 含量少。作为原料配制肉兔日粮前，需要加热灭活胰蛋白酶抑制因子。在贮存过程中必须防止感染黄曲霉菌，避免肉兔因食用被污染的饲料后，造成家兔中毒。

（3）菜籽饼：油菜籽榨油后的副产品称为菜籽饼，粗蛋白质含量在 30% 以上。菜籽饼含有硫葡萄腺苷，在芥子酶的作用下会产生有毒物质，导致甲状腺肿大，因此，在日粮中添加量应小于 10%。

（4）饲料酵母：饲料酵母是由以酵母菌发酵而成，主要的原材料为植物性蛋白质饲料。一般的优质饲料酵母含粗蛋白 50% 以上，同时饲料品质好，消化率高，含有丰富的 B 族维生素、维生素 D 及多种矿物质元素，是肉兔良好的蛋白质补充饲料。

（5）棉籽饼：棉籽饼来源广泛，产量十分巨大，是棉籽榨油后的副产品，相比于豆粕豆饼及花生饼粕具有较低的价格，是主要的蛋白质饲料资源之一。粗蛋白含量为 36% ~ 41%。然而棉籽饼里含有对畜禽有害的棉酚，且以游离棉酚为主，因此在食用前需要经过脱毒处理。

2. 动物蛋白质饲料：

（1）鱼粉：鱼粉不仅含有较高的必需氨基酸，还含有维

生素及多种矿物质，粗蛋白含量在60%左右，是优质的动物蛋白质饲料。鱼粉是由不宜人食用的鱼类及渔业加工副产品生产而成，由于来源、加工方法的不同，质量差异较大。一般在肉兔日粮中添加3%以下。

（2）血粉：血粉是由家畜屠宰后所得的血液经过干燥加工后制成的。加工方法一般有3种，即吸附法、简单干燥法及喷雾干燥法。血粉的营养价值很高，粗蛋白含量一般为80%，肉兔日粮中可加入0.5%~1%。

（3）蚕蛹：蚕蛹的蛋白质含量在50%以上，由18种氨基酸组成，且必需氨基酸种类齐全，适口性好，是养兔理想的动物蛋白饲料。一般在肉兔日粮中添加1%~3%。

●（五）粗饲料●

粗饲料包括青干草类、青干树叶类和秸秆荚壳类等，干物质中粗纤维含量在18%以上的饲料。粗饲料的营养价值和饲喂效果差异很大。如青干草、树叶的营养价值很高，但秸秆荚壳类则不同，其纤维木质素含量很高，但营养价值低。

1. 青干草：青干草一般是收割草场牧草或栽培牧草经风干或晒制而成，营养价值显著高于秸秆。青干草颜色淡绿，肉兔喜欢采食，是一种优质的肉兔粗饲料。禾本科牧草蛋白质含量低，钙含量比其他牧草低，但维生素含量丰富，收割晒制容易，可占肉兔日粮的30%左右。豆科青干草蛋白质含量高，粗纤维含量低，钙含量丰富，饲用价值高。豆科青干草以人工栽培牧草为主，如苜蓿、草木樨等。在日粮中可占45%~50%。在天然青干草中，对草种类很难区分，多以禾本科草为主，豆科草次之，其中，夹杂很多菊科、苋草科等

杂草，营养价值相互补充，是养兔的好饲料。

2. 秸秆类：秸秆类饲料属于农业副产物，是农作物收获后所剩下的茎秆及枯叶部分，营养价值因秸秆种类的不同而存在较大差异。玉米秸秆是我国北方地区的主要兔用粗饲料之一，营养价值受玉米品种、生长阶段、结构部位影响，夏玉米的营养价值高于春玉米，叶片的营养价值在秸秆中含量最高。相比于其他的秸秆，玉米秸外皮光滑、质地坚硬、比重小，在饲喂肉兔的过程中不宜添加过多，添加量应在10%以内。麦秸是营养价值较差的一种秸秆，粗纤维含量高，含有部分难以被利用的硅酸盐及蜡质，不宜在日粮中大量添加。稻草作为肉兔饲料明显优于玉米秸和麦秸，可在兔日粮中添加10% ~15%。

3. 树叶类：树叶类饲料营养价值受产地、季节、品种、部位影响很大，一般情况下，大部分树叶都能饲用，但少数有毒或易引起肉兔胃肠疾病的除外。果树叶鲜嫩时营养价值很高，但落叶枯黄后价值下降很快。果树叶含粗蛋白10%左右，在兔日粮中可占15% ~25%，但是需要注意果树叶上残留的农药，避免肉兔因饲料造成农药中毒。豆科树叶如刺槐叶和紫穗槐叶，粗蛋白可达18% ~23%，含有丰富的营养物质。刺槐叶可占日粮的30% ~40%。而紫槐槐叶有不良气味，容易影响肉兔采食，日粮中一般占10% ~15%。其他树叶如杨树叶、榆树叶、柳树叶等也都是肉兔的好饲料。

（六）矿物质饲料

矿物质饲料可以为肉兔提供单一的或者复合的微量矿物元素。碳酸钙、石灰石粉、蛋壳粉、贝壳粉等都是含钙的饲料，主要补充饲料中的钙。食盐含钠和氯，满足肉兔钠、氯

的需要量。骨粉、磷酸钙、磷酸氢钙和脱氛磷酸盐等，主要作为磷的来源，同时钙也可得到补充。微量元素大多数是用工业的硫酸盐类来补充，既补给了铁、铜、锌、锰等元素，也供给了硫元素。目前，膨润土、麦饭石等也作为矿物质饲料，可以为肉兔补充多种矿物元素，目前，已经广泛应用于肉兔的日粮配制。

膨润土含有动物生长所需的铁、磷、钾、铝、铜、锌、锰、钴等20余种元素，是一种层状结晶构造的含水铝硅酸盐矿物质，具有营养、吸附、置换等功能。家兔日粮中添加1%～3%，能明显提高家兔生产性能，减少疾病的发生。

麦饭石含有27种动植物生长所需的元素，其中，11种为主要元素，16种为微量元素。麦饭石能吸附有害有毒物质，属于碱性岩石系列，能够成为多种酶、维生素、激素的组成成分。家兔日粮中适宜添加量为1%～3%。有报道显示，肉兔配合饲料中添加3%的麦饭石，增重提高23.18%，饲料转化率提高16.24%。

（七）饲料添加剂

饲料添加剂可以分为营养添加剂和非营养添加剂，主要目的是为了提高饲料的利用率、补充饲料中所缺少的营养成分，保证和改善饲料的品质，促进畜禽生产，在保证不危害畜禽动物的前提下添加进入饲料的少量或者微量的营养或者非营养性物质。目前，饲料添加剂的使用应该严格遵守国家推出的肉兔饲养标准及相关行业标准，避免滥用添加剂，造成产品品质的大幅度下降，对消费者带来严重的影响。营养性添加剂主要目的是为了补充饲料中缺少的特定营养成分，

包括维生素添加剂、矿物质添加剂及氨基酸添加剂；而非营养性添加剂的主要目的是为了提高畜禽生产水平和饲料利用率，改善饲料的品质及适口性。例如，生长促进剂、驱虫保健剂、饲料改良剂。

1. 维生素添加剂的主要作用是补充肉兔生长发育中所需要的特定维生素，添加形式可以是单一形式的维生素（如维生素 E），也可以是各种维生素按照适当的比例配制而成的复合维生素。该添加剂可以与其他营养物质合成具有特定用途的产品，在生产中应根据不同的目的与要求选择使用。

2. 氨基酸添加剂是为了补充日粮中缺少的必需氨基酸。肉兔是食草动物，饲料主要由植物性原料组成，而植物性原料中必需氨基酸组成不完全，蛋氨酸及赖氨酸容易缺乏。因此，在肉兔日粮配制时需要添加一定量的蛋氨酸、赖氨酸添加剂。一般蛋氨酸添加量为0.1%，赖氨酸为0.05%～0.1%。

3. 微量元素添加剂是使用较早的一种饲料添加剂。与维生素添加剂一样，微量元素添加剂是兔日粮饲料中不可或缺的营养物质，根据肉兔不同阶段、不同特征的营养生理需求，可以添加单一或者复合的微量元素。目前，在肉兔中使用最多的微量元素添加剂一般都含有铁、铜、锌、碘、锰、钴等微量元素。

4. 饲料改良剂主要用于改善食料的口感与品质，是一种非营养添加剂。常用的有抗氧化剂、防霉剂、着色剂、调味剂、松散剂、黏合剂等。

5. 生长促进剂可用于刺激肉兔生长，增进健康，改善饲料利用率，提高生产能力。常用生长促进剂包括抗生素、抗

菌药物、激素、酶制剂等。抗生素是一种抑制微生物生长或破坏微生物生命活动的物质，可促进肉兔肠道中养分的吸收。激素类在肉兔中尚未使用。由于肉兔大肠微生物作用很强，酶制剂也很少使用。

6. 驱虫保健剂的目的是抗球虫。球虫是肉兔的主要体内寄生虫，高温高湿季节多发，为防止球虫发生，多在肉兔日粮中常添加的抗球虫药物，抗球虫药物主要有氯苯胍、盐霉素、莫能菌素、球痢灵等。

二、饲料中的有毒成分及预防

（一）胰蛋白酶抑制因子

胰蛋白酶抑制因子在结构上是由氨基酸残基组成的多肽，在肉兔的胃内不能被破坏，进入小肠后与胰蛋白酶结合形成复合物，通过粪便排出体外。在这个过程中，一方面使胰蛋白酶失去活性，阻碍蛋白质消化，降低蛋白质的利用率；另一方面，由于胰蛋白酶中含有丰富的含硫氨基酸，在家兔消化过程中会导致胰腺机能亢奋，胰蛋白酶大量补偿性分泌造成体内含硫氨基酸的内源性损失，从而引起氨基酸代谢不平衡，导致家兔生长受阻或停滞。

在肉兔日粮配方中，大豆的胰蛋白酶抑制因子含量可达10.7 μg/g。因此，家兔长时间饲喂生大豆可发生胰腺代偿性肿大和蛋白质消化不良现象，以生长兔最为明显，成年兔则危害较轻。然而高温处理可破坏胰蛋白酶抑制因子，在热榨豆饼中，胰蛋白酶抑制因子可降低到 3.4μg/g；大豆煮熟

（100℃）可基本上消除这种有害物质。

（二）致甲状腺肿物质

致甲状腺肿物质是由十字花科植物类饲料原料，如菜籽饼、卷心菜和花椰菜中的芥子苷（或叫硫葡萄糖苷），在体内芥子苷酶的作用下，生成的异硫氰酸盐、恶唑烷硫酮和腈等有毒物质。这些物质通过消化道被兔体吸收，可阻止甲状腺利用血液中的碘离子，使甲状腺素（三碘酪氨酸和四碘酪氨酸）合成受阻，引起甲状腺肿大和整个机体代谢紊乱。

芥子苷在高产油菜品种的菜籽饼中，含量可高达10%～13%。因此，菜籽饼虽然营养丰富，但其饲用价值受到限制。目前处理方法有：物理法，充分加热菜籽饼粕，可使硫葡萄糖甙酶失活，也可使异硫氰酸酯分解并挥发除去。化学法，用硫酸亚铁、硫酸铜处理和补加碘，可减轻菜籽饼中硫葡萄糖苷对甲状腺的影响。微生物法，用某些细菌和真菌发酵除去硫葡萄糖苷及其降解产物异硫氰酸酯与恶唑烷硫酮。

（三）棉籽酚

游离棉酚、棉酚紫和棉绿素等有害成分多存在于棉籽饼中，其中，游离棉酚占绝对比例，棉籽饼中含量范围为0.07%～0.24%。棉籽酚对家兔的毒害作用是引起组织损害并降低繁殖机能。在棉籽饼中加入硫酸亚铁可有效地消除棉籽酚的毒害。在家兔日粮中棉籽饼比例适当（5%～10%）则可安全使用。

（四）皂角苷

肉兔过多采食豆科牧草（苜蓿）和菜籽饼，容易引起皂角苷中毒，导致肉兔生长不良和中毒现象，对家兔的影响有待试验观察。不过，由于其味极苦，可明显降低家兔对该种饲料的采食量。

(五) 霉菌毒素

饲料霉变是饲料保存中最主要的问题。一些富含蛋白质的饲料是黄曲霉、灰曲霉等产毒霉菌生长的良好基质。家兔的黄曲霉素中毒，表现为食欲和饮水废绝，脱水和昏睡，继而发展为肝脏受损和黄疸。某些谷物饲料霉败后可产生桔霉素、柠檬色霉素、T_2 毒素和玉米赤霉烯酮等毒素。这些霉素会引起肾脏和肝脏损害、繁殖机能降低，甚至造成死亡。此外，麦角也是一种常见的霉菌性毒素，可危害中枢神经系统和平滑肌，同时还可造成血液循环障碍，引起坏疽，病兔表现为跛行和四肢疼痛等症状。三叶草在发生霉菌生长时，可使所含的香豆素转化成双香豆素，拮抗维生素 K，造成维生素 K 的缺乏症。

(六) 草酸盐

草酸和草酸盐在青绿饲料中的含量较高。在消化道内，草酸可与钙结合成不溶水的化合物—草酸钙，从而阻碍钙的吸收。被兔体吸收的草酸可与血清钙结合，发生沉淀，使血钙水平迅速下降，引起肌肉痉挛等症状。因此，对富含草酸盐的青绿饲料，应严加控制饲喂量，以免发生低钙症。

(七) 植物性血凝素

植物性血凝素能引起血球凝集，一般存在于豆科植物中，在兔体内不被吸收，故不会损害血液循环系统，但可引起肠

黏膜损伤和阻碍营养物质的吸收。经加热处理后（煮熟）可破坏植物血凝集。

第三节　肉兔的日粮配制

肉兔的日粮配制是家庭肉兔养殖的关键问题之一，科学的日粮搭配是促进肉兔正常生长发育、增加肉兔养殖经济效益的重要保证。日粮是指肉兔在24h内所采食的各种饲粮。日粮配合就是根据饲养标准，根据不同年龄、体重、生理状态的肉兔对营养物质的需要量，采用多种饲料搭配而制成的配合饲粮。该种日粮设计可以提高饲料的利用效率，为肉兔提供均衡、全价的营养物质。

一、肉兔日粮的配制原则

（一）科学性

科学性原则是饲料配制的重要原则之一，日粮的配制必须按照肉兔的饲养标准，选用新鲜无毒、无霉变、品质良好的饲料原料进行科学配制。配制的饲料必须适合肉兔的特性及口味，饲料的适口性好坏直接影响肉兔的采食行为，适口性好，能够促进肉兔采食，提高采食量和饲养效果。配制的日粮必须满足肉兔各个阶段的营养需要，避免单个或多种营养成分不足或过量；注意饲料中蛋白质与能量的比例，减少饲料的不必要损耗；配制日粮时应采用多种不同的饲料原料进行配比，避免饲料单一而造成的营养缺失，有利于营养物质的互补作用。

（二）经济性

经济性原则是保证兔产业效益的重中之重。饲料成本在肉兔的生产繁殖过程中占有很大的比重，因此，降低饲料成本，能够显著提高肉兔养殖的经济效益。一般日粮的配制应充分利用当地资源，选用经济实惠、营养丰富、质量稳定的饲料资源。特别是蛋白质饲料和青绿饲料，不同的地区，可以选用当地特有的饲料资源以降低成本。

（三）可行性

所选用日粮原料要求价格、质量稳定，能够保持长时间的充足供应，特别应注意饲料的价格、适口性和料肉比。在同一育肥阶段，饲料配方要保持基本不变，营养成分维持相对恒定。在进入下一个饲养阶段时，尤其要注意饲料配方的调整。

（四）逐级预混

逐级预混是保证饲料原料成分混匀的重要原则之一。肉兔日粮配制过程中需要添加多种微量添加剂，然而这些微量添加剂（用量少于1%）不易混合均匀，因此，为了提高其在饲料中的均匀度，一般需要进行预混合处理，即先将微量添加剂用载体进行预混合，然后逐步扩大混合量，确保微量添加剂在日粮中混合均匀。

二、日粮配方设计

参考肉兔各生理阶段的营养需要，并结合当地气候、温

度、湿度及管理技术作出适当调整；应选择当地产量大、来源广、运输方便、成本低廉的原料。配制全价颗粒饲料时，应首先考虑饲料中粗纤维、能量、蛋白质、钙、磷、食盐和必需氨基酸等营养物质必须满足饲养标准的需要，因此在选择饲料原料时应将能量饲料、蛋白饲料、粗饲料及矿物质饲料等原料合理配合。各种来源的饲料原料在家兔饲料配方中添加量大致如下：粗饲料（如苜蓿草粉、干草、树叶、糟粕、作物茎叶等）30%～50%；能量饲料（如玉米、稻谷、小麦、高粱等）25%～35%；糠麸类饲料（如米糠、麦麸等）10%～30%；米糠添加量不能超过15%；植物性蛋白饲料（如大豆、豌豆、胡豆、大豆饼、豆粕、花生饼等）5%～20%，棉籽饼、菜籽饼等有毒饼粕空怀母兔和育肥兔<8%，种公兔、妊娠母兔和泌乳母兔<5%；动物性蛋白饲料（如鱼粉、蚕蛹粉、酵母粉等）<5%；食盐0.3%～0.5%；兔专用预混料根据不同厂家生产要求添加；如果添加兔专用浓缩料则可不用添加蛋白饲料。

（一）妊娠母兔饲料配方计算

1. 参考饲养标准，确定主要营养指标：粗蛋白15%、粗纤维14%、消化能10.8 MJ/kg。

2. 确定饲料原料，查饲料营养价值表，列出提供原料的营养含量。

饲料原料	粗蛋白（%）	粗纤维（%）	消化能（MJ/kg）	含量（%）
苜蓿草粉	13.30	30.60	7.37	
玉米	8.60	2.00	15.14	

（续表）

饲料原料	粗蛋白（%）	粗纤维（%）	消化能（MJ/kg）	含量（%）
麦麸	14.40	9.20	10.71	
豆饼	43.00	5.70	15.23	
食盐	0.00	0.00	0.00	
预混料	0.00	0.00	0.00	
营养物质含量				合计
标准	15.00	14.00	10.89	

3. 根据实践经验及实际情况，初步试配，计算营养物质含量，与标准比较。

饲料原料	粗蛋白（%）	粗纤维（%）	消化能（MJ/kg）	含量（%）
苜蓿草粉	13.30	30.60	7.37	35.0
玉米	8.60	2.00	15.14	20.5
麦麸	14.40	9.20	10.71	30.0
豆饼	43.00	5.70	15.23	10.0
食盐	0.00	0.00	0.00	0.5
预混料	0.00	0.00	0.00	4.0
营养物质含量	15.04	14.45	10.42	合计：100
标准	15.00	14.00	10.89	

4. 调整配方，使多数营养指标含量与标准接近，如上表粗纤维含量高于标准，而能量又不足，应适当提高能量含量高、粗纤维含量低的原料的用量，如玉米，可适当降低麦麸的用量，使配合饲料的营养物质含量达到标准要求；配方时，

必须优先考虑饲料中粗纤维、粗蛋白、消化能的供给。

（二）电脑简单计算妊娠母兔饲料配方

1. 参考日粮标准和原料营养价值表。

2. 使用 Office 软件中的 Excel 程序（2003 版），并按下图所示输入。

Microsoft Excel - Book1

	A	B	C	D	E	F
1	饲料原料	粗蛋白（%）	粗脂肪（%）	粗纤维（%）	消化能（兆焦/千克）	含量
2	苜蓿粉	13.30	1.60	30.60	7.37	
3	玉米	8.60	3.50	2.00	15.14	
4	麦麸	14.40	3.70	9.20	10.71	
5	豆饼	43.00	5.40	5.70	15.23	
6	食盐	0.00	0.00	0.00	0.00	
7	预混料	0.00	0.00	0.00	0.00	
8	营养物质含量					
9	标准	15.00	3.00	14.00	10.89	0.00

3. 运算公式设定与检查。在 B8（其中，B 为列数，8 为行数，下同）中输入 = SUMPRODUCT（B2：B5，F2：F5）、在 C8 中输入 = SUMPRODUCT（C2：C5，F2：F5）、在 D8 中输入 = SUMPRODUCT（D2：D5，F2：F5）、在 E8 中输入 = SUMPRODUCT（E2：E5，F2：F5），此时求得的即为各种营养素的营养物质含量。在 F9 中输入 = SUM（F2：F7），此时求得的即为各种饲料原料添加量的总和。

4. 根据经验在 F 列中按原料添加量除 100 后输入，可自动得出各种营养物质总的含量，而此时 F9 的值要求为 1。如下图。

5. 根据原料营养物质的不同含量，调整每种原料的添加量，使多数营养指标含量与标准接近，各营养物质配方平衡的先后顺序是粗纤维、粗蛋白、消化能、粗脂肪。

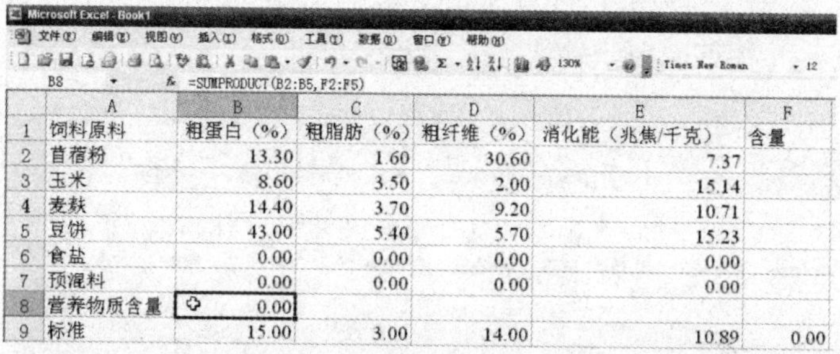

Microsoft Excel - Book1

文件(F) 编辑(E) 视图(V) 插入(I) 格式(O) 工具(T) 数据(D) 窗口(W) 帮助(H)

B8 =SUMPRODUCT(B2:B5,F2:F5)

	A	B	C	D	E	F
1	饲料原料	粗蛋白（%）	粗脂肪（%）	粗纤维（%）	消化能（兆焦/千克）	含量
2	苜蓿粉	13.30	1.60	30.60	7.37	
3	玉米	8.60	3.50	2.00	15.14	
4	麦麸	14.40	3.70	9.20	10.71	
5	豆饼	43.00	5.40	5.70	15.23	
6	食盐	0.00	0.00	0.00	0.00	
7	预混料	0.00	0.00	0.00	0.00	
8	营养物质含量	0.00				
9	标准	15.00	3.00	14.00	10.89	0.00

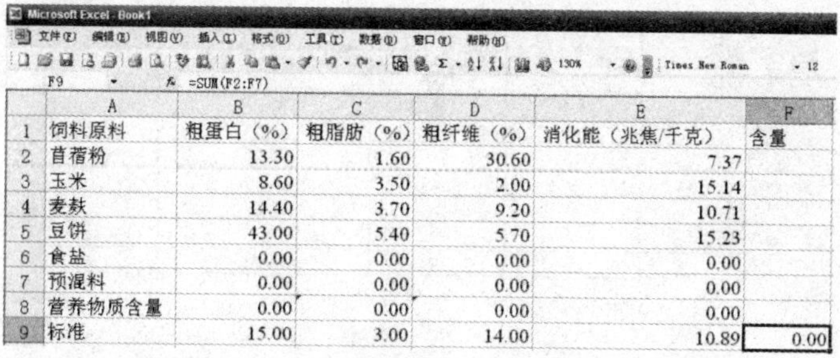

Microsoft Excel - Book1

文件(F) 编辑(E) 视图(V) 插入(I) 格式(O) 工具(T) 数据(D) 窗口(W) 帮助(H)

F9 =SUM(F2:F7)

	A	B	C	D	E	F
1	饲料原料	粗蛋白（%）	粗脂肪（%）	粗纤维（%）	消化能（兆焦/千克）	含量
2	苜蓿粉	13.30	1.60	30.60	7.37	
3	玉米	8.60	3.50	2.00	15.14	
4	麦麸	14.40	3.70	9.20	10.71	
5	豆饼	43.00	5.40	5.70	15.23	
6	食盐	0.00	0.00	0.00	0.00	
7	预混料	0.00	0.00	0.00	0.00	
8	营养物质含量	0.00	0.00	0.00	0.00	
9	标准	15.00	3.00	14.00	10.89	0.00

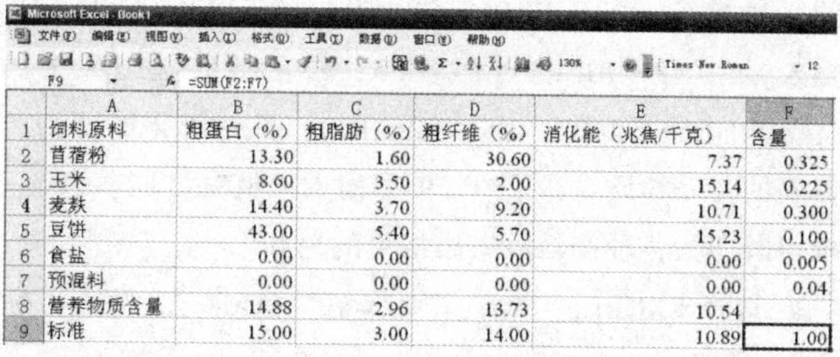

Microsoft Excel - Book1

文件(F) 编辑(E) 视图(V) 插入(I) 格式(O) 工具(T) 数据(D) 窗口(W) 帮助(H)

F9 =SUM(F2:F7)

	A	B	C	D	E	F
1	饲料原料	粗蛋白（%）	粗脂肪（%）	粗纤维（%）	消化能（兆焦/千克）	含量
2	苜蓿粉	13.30	1.60	30.60	7.37	0.325
3	玉米	8.60	3.50	2.00	15.14	0.225
4	麦麸	14.40	3.70	9.20	10.71	0.300
5	豆饼	43.00	5.40	5.70	15.23	0.100
6	食盐	0.00	0.00	0.00	0.00	0.005
7	预混料	0.00	0.00	0.00	0.00	0.04
8	营养物质含量	14.88	2.96	13.73	10.54	
9	标准	15.00	3.00	14.00	10.89	1.00

（三）“EXCEL 规划求解”计算妊娠母兔饲料配方

本方法适合大、中型肉兔养殖场使用，需要一定的计算机操作基础。

1. 查饲养标准和所选饲料原料营养价值表。

2. 在计算机上打开 Office 软件中的 Excel 程序（2010 版），并按下图所示输入。

	A	B	C	D	E
1	饲料原料	粗蛋白（%）	粗纤维（%）	消化能（兆焦/千克）	含量（%）
2	苜蓿草粉	13.3	30.6	7.37	
3	玉米	8.6	2	15.14	
4	麦麸	14.4	9.2	10.71	
5	豆饼	43	5.7	15.23	
6	食盐	0	0	0	
7	预混料	0	0	0	
8	营养物质含量				合计
9	标准	15	14	10.89	
10					

3. 设定运算公式。在 B8（其中，B 为列数，8 为行数，下同）中输入 = SUMPRODUCT（B2：B5，F2：F5）、在 C8 中输入 = SUMPRODUCT（C2：C5，F2：F5）、在 D8 中输入 = SUMPRODUCT（D2：D5，F2：F5），此时求得的即为各种营养素的营养物质含量。在 F9 中输入 = SUM（F2：F7），此时求得的即为各种饲料原料添加量的总和。

4. 选择 EXCEL 中的“规划求解”选项。“设置目标”，点击按钮选择 E9 单元格，“目标值”中输入 100，“通过更改可变单元格”，点击按钮选择 E2 到 E7 一坚列，“遵守约束”对话框，点击右边“添加”按钮显示“添加约束”对话框，然后按钮选择依次完成 B8 = B9、C8 = C9、D8 = D9、E6 = 0.5、E7 = 4。其他选项为默认值。然后点击“求

文件　开始　插入　页面布局　公式　数据　审阅　视图　加载项

自 Access　自网站　自文本　自其他来源　现有连接　获取外部数据　全部刷新　连接　属性　编辑链接　连接　排序　筛选　清除　重新应用　高级　排序和筛选

E9　f_x　=SUM(E2:E7)

	A	B	C	D	E
1	饲料原料	粗蛋白（%）	粗纤维（%）	消化能（兆焦/千克）	含量（%）
2	苜蓿草粉	13.3	30.6	7.37	
3	玉米	8.6	2	15.14	
4	麦麸	14.4	9.2	10.71	
5	豆饼	43	5.7	15.23	
6	食盐	0	0	0	
7	预混料	0	0	0	
8	营养物质含量	0	0	0	合计
9	标准	15	14	10.89	0
10					

解”按钮。此处的“遵守约束”在“营养物质含量”和“饲料原料含量”中选择添加。

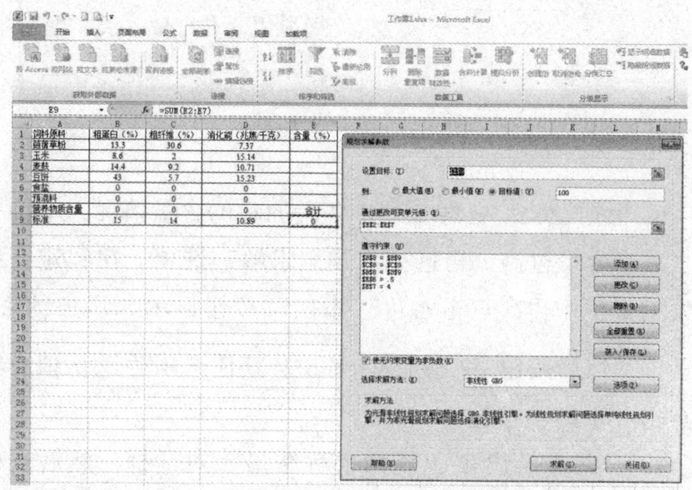

5. 第四步后出现“规划求解结果”对话框，然后点

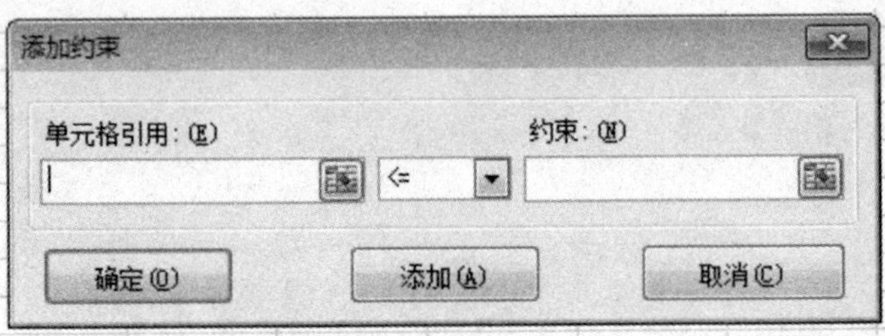

确定。

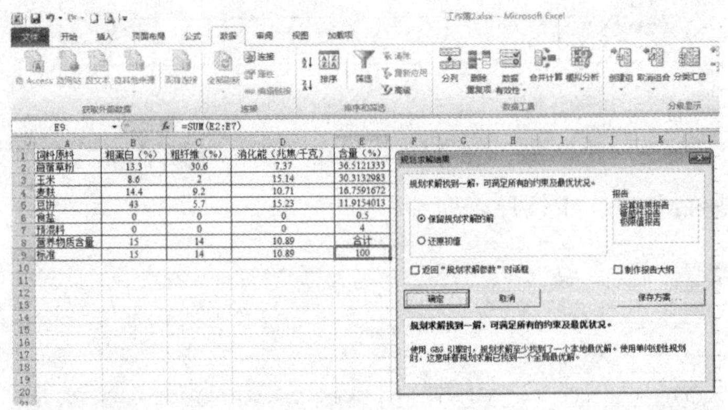

饲料原料	粗蛋白（%）	粗纤维（%）	消化能（兆焦/千克）	含量（%）
苜蓿草粉	13.3	30.6	7.37	36.5121333
玉米	8.6	2	15.14	30.3132983
麦麸	14.4	9.2	10.71	16.7591672
豆饼	43	5.7	15.23	11.9154013
食盐	0	0	0	0.5
预混料	0	0	0	4
营养物质含量	15	14	10.89	合计
标准	15	14	10.89	100

6. 根据经验，观察E列中各种原料的含量情况，本例中发现玉米含量过高。再选择“规划求解”选项。在“遵守约束”对话框中再次点击右边“添加”按钮显示“添加约束”对话框，然后按钮添加 E3≤20。其他选项为默认值。然后点击“求解”按钮。

7. 第六步后出现“规划求解结果”对话框，然后点确定。本次出现“规划求解找不到有用的解”。

8. 重复操作第六步、第七步，直到营养物质含量和各种

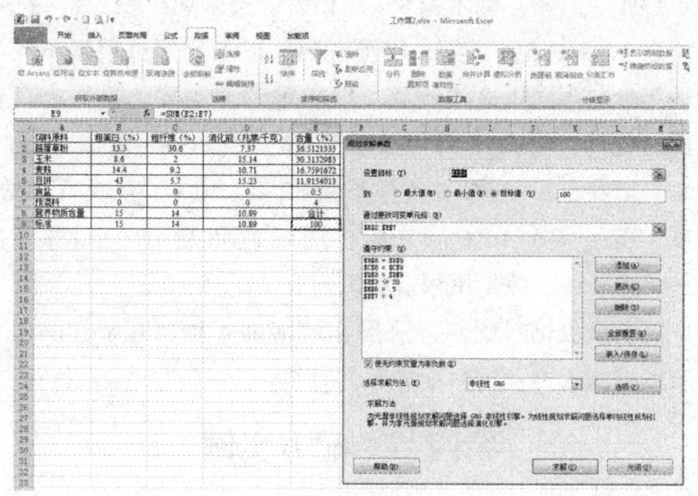

饲料原料	粗蛋白（%）	粗纤维（%）	消化能（兆焦/千克）	含量（%）
苜蓿草粉	13.3	30.6	7.37	36.5121335
玉米	8.6	2	15.14	30.3132983
麦麸	14.4	9.2	10.71	16.7591672
豆饼	43	5.7	15.23	11.9154013
食盐	0	0	0	0.5
预混料	0	0	0	4
营养物质含量	15	14	10.89	合计
标准	15	14	10.89	100

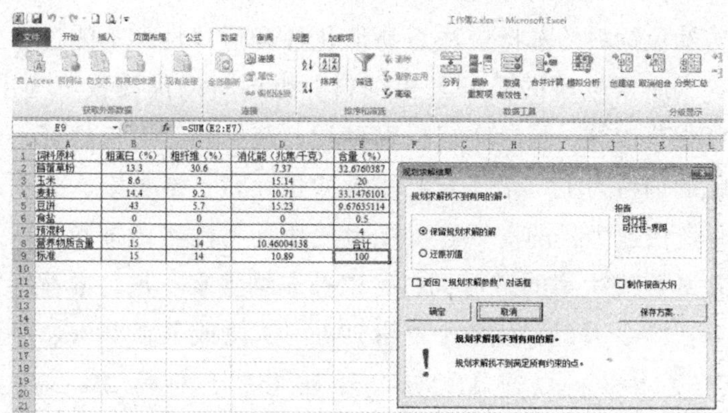

饲料原料	粗蛋白（%）	粗纤维（%）	消化能（兆焦/千克）	含量（%）
苜蓿草粉	13.3	30.6	7.37	32.6760387
玉米	8.6	2	15.14	20
麦麸	14.4	9.2	10.71	33.1476101
豆饼	43	5.7	15.23	9.67635114
食盐	0	0	0	0.5
预混料	0	0	0	4
营养物质含量	15	14	10.46004138	合计
标准	15	14	10.89	100

原料的比例符合标准要求为止。

（四）配方举例

根据当地所产原料进行配制。大致比例可按：玉米20%～22%、麦麸30%～50%、豆类（黄豆、胡豆、豌豆

等）13% ~21%、细米糠8% ~13%、蚕蛹或鱼粉5% ~8%、食盐0.3% ~0.5%、兔专用预混料，以上比例可根据不同品种、年龄和不同用途作调整，以满足营养需要为准。有苜蓿草粉的兔场，大致比例可按玉米15% ~20%、麦麸20% ~30%、米糠5% ~15%、优质草粉30% ~40%、豆类（黄豆、胡豆、豌豆等）10% ~20%、蚕蛹或鱼粉0% ~8%、盐0.3% ~0.5%、兔专用预混料。

以上全价饲料配制方法操作较多的4种，有条件的肉兔养殖场可购买专业饲料配方软件计算。

第四节　配方实例

（一）肉兔幼兔饲料的配制

幼兔饲料的选择应注意易消化性和适口性，不能过多使用含木质素较多的秸秆类粗饲料。粗饲料以优质牧草为主，如苜蓿草粉等。蛋白质饲料以豆粕、花生粕等适口性好、易消化的饲料为主。尤其需要注意微量元素、维生素，必须满足仔兔快速生长的需要。可少量使用动物性蛋白饲料，以及富含B族维生素的酵母饲料，以补充维生素不足。推荐饲料配方：1 ~3月龄：优质干草粉29%、大麦或玉米19%、小麦或燕麦19%、豆饼11.5%、麦麸15%、鱼粉2%、食盐0.5%、预混料4%；4 ~5月龄：优质干草粉39%、大麦或玉米24%、小麦或燕麦10%、豆饼9.5%、麦麸12%、食盐0.5%、预混料4%。

（二）肉兔生长兔的饲料配制

生长兔应选择草粉、秸秆、大麦、玉米、豆饼、鱼粉等

常用饲料，为降低成本，可加入一定量花生粕、棉籽粕、菜籽粕、胡麻粕或者芝麻酱渣等。粗饲料用量可以适当加大，由于成年家兔盲肠发达，可以合成较多的 B 族维生素，饲料中可以减少 B 族维生素的使用。此外，日常可以使用部分青绿饲料。推荐饲料配方：干草粉 29%、秸秆粉 10%、大麦或玉米 17%、小麦或燕麦 16%、麸皮 9%、豆饼 13.5%、饲料酵母 1%、食盐 0.5%、预混料 4%。

（三）妊娠兔全价饲料的配制

妊娠兔除了要维持自身的营养需要，还要保证胎儿正常的生长发育。因此，在日粮配制时，要特别注意营养充足和平衡，特别是维生素及微量元素的供应。妊娠期间，母兔不能过肥，以免造成难产、死胎。同时，母兔过肥，还会影响哺乳性能。母兔过瘦容易造成流产，应保持中等营养状态。饲料中粗纤维含量要适宜，以免造成母兔便秘。推荐饲料配方：干草粉 25%、秸秆粉 15%、大麦或玉米 27.5%、小麦或燕麦 10%、麸皮 5%、豆饼 8%、棉籽饼 2%、饲料酵母 3%、食盐 0.5%、预混料 4%。

（四）泌乳兔全价饲料的配制

肉兔泌乳阶段除了需要维持自身营养外，还要特别注意维持泌乳功能，以保证仔兔生长的营养需要。在进行饲料配制时，要注意能量饲料充足供应，蛋白质饲料要求氨基酸平衡、充足、易消化吸收。同时，为保证泌乳性能和乳脂质量，需要向饲料中添加脂肪类饲料。饲料适口性要好，以保证母兔采食量大。参考饲料配方：干草粉 26%、秸秆粉 10%、大

麦或玉米33%、小麦或燕麦8%、麸皮5%、豆饼10.5%、棉籽饼2%、饲料酵母1%、食盐0.5%、预混料4%。

第五节 肉兔颗粒饲料的加工

颗粒饲料一般是根据饲料配方，将采购而来的饲料原料进行粉碎、称量、混匀、压制成粒而制成的粒状料。

一、颗粒饲料的优点

颗粒饲料不同于其他状态的饲料，具有十分明显的特点：首先，颗粒饲料符合肉兔的采食行为，肉兔一般采食较硬的颗粒状饲料，能够延长其咀嚼时间，满足肉兔的啮齿行为，肉兔通常不食用粉状料。其次，颗粒饲料可以极大的提高饲料的利用率和肉兔的生长速度，提高肉兔对饲料营养的消化吸收率。同时颗粒饲料还可以避免肉兔的挑食行为，减少饲料浪费。肉兔采食经过颗粒处理的饲料，能同时进食精、粗饲料。另外，饲喂颗粒饲料能够提高劳动效率，减少劳动用工，通常饲喂颗粒饲料后，只需要喂水即可，不用再饲喂其他饲料。最后，颗粒饲料还可提高兔群的健康水平，降低发病率和死亡率。传统的青饲料，虽然适口性好，但是青草的种类、品质及产量受季节、天气及环境等影响较大，导致兔群的消化道疾病增多、流行性疾病及寄生虫疾病频发。而常年饲喂颗粒饲料，其日粮质量稳定，因此，疾病发生率也相对下降。另一方面，颗粒饲料在加工过程中会产生高温，能够杀死饲料中的部分病原微生物，降低传染病及寄生虫病的

发生率。

二、加工工艺

加工过程包括原料选择、原料粉碎、混合、压制颗粒、风干包装等程序。

（一）选择原料

按照已设计好的日粮饲料配方，按要求选择质量好、产量大、成本低廉、运输方便的原料进行制备。一般要求原料的含水量不超过安全贮藏水分，杂质不超过2%，重金属含量不能超过国家标准。

（二）粉碎

对采购的原料进行分类粉碎，粉碎后可以增加表面积，提高肉兔的消化吸收效率。同批饲料原料可以用口径相同的筛版粉碎，使原料易混合均匀。

（三）混合

混合是加工颗粒饲料的重要环节。为保证混合均匀度，必须做好下面几点：一是将微量添加物制成预混料，然后添加到其他原料中进行混合；二是控制混合时间，必须保证足够的混合时间；三是确定合理的加料顺序，配比大的先加，配比小的后加，相对密度小的先加，相对密度大的后加。

（四）压制

采用一定的技术设备，压制混合好的饲料，控制适宜的蒸汽量，粉化率不能超过5%，控制饲料含水量在14%以下。

肉兔喜好的颗粒料直径为5mm，长度为10mm；加工时需要保证颗粒饲料结实完整、光滑。颗粒饲料相比于青饲料或其他饲料，更加方便贮存及运输。

●（五）干燥包装●

干燥处理，刚压制的颗粒饲料水分含量高，需要进行风干，让水分充分蒸发冷却后，才能进行包装储存。

第六节　肉兔常用优质牧草的栽培

一、栽种优质牧草的意义

栽培常用优质牧草能够极大地降低饲料成本，保证青饲料的质量与营养价值，对肉兔家庭饲养场具有十分重要的作用。青绿饲料是肉兔养殖的主要饲料，也是规模化养兔的重要补充料，由于季节的更替以及不同的地理环境因素，单纯依靠野生青绿饲料很难满足兔场的养殖需要。因此，需要采取人工栽培牧草来补充野生青绿饲料的不足，以保证青绿饲料的常年均衡供应。

二、适宜栽培的优质牧草

适宜栽培的肉兔优质牧草主要有紫花苜蓿、黑麦草、红三叶、胡萝卜、苦荬菜、狼尾草、苏丹草、松香草、籽粒苋、鲁梅克斯 K－1 酸模等。

（一）栽培紫花苜蓿

紫花苜蓿适宜在全国各地种植，具有较强的耐寒、耐盐碱能力，适宜于半干燥的气候条件，对土壤有一定的改良作用，是北方地区的主要牧草品种。苜蓿每种一次，可连续利用5～6年，平均每公顷产鲜草30 000～60 000kg。营养丰富，粗蛋白质含量较高，且必需氨基酸全面，是植物性饲料中蛋白质品质较好的一种。

栽培技术主要包括以下方面。

1. 播种：春、夏、秋三季均可种植。苜蓿种子细小，顶土力差，幼苗期生长缓慢，因此，要精细整地，播种深度不宜超过3cm。在土地瘠薄、水利条件较差的地区，宜在9月上旬或中旬播种，此时雨季刚过，出苗容易，幼苗越冬后，第二年即可达到较高产量。

2. 管理要点：幼苗期要松土除草。对轻碱地，应注意整地工作，因幼苗期耐碱能力较弱。一般在雨季前先串地、晾晒，以后每逢一次雨串一次地，共3～4次，利用雨水冲洗盐分，然后再进行播种，这样才能保证苗全苗旺。农耕地种植苜蓿，可以间播或套种，可以有效地利用土地，扩大当年收益。在春季，第一茬收割宜在植株形成花蕾后进行，否则会影响以后的产量。晚秋最后一次收割应在初蕾前苜蓿长到15cm时进行，使它在根茎处蓄积充分的养分，供越冬和翌年春天萌发之用。苜蓿种子的采收要看荚色而定，一般在植株下部种荚颜色变黑、上部种荚变黄时进行收割。

（二）栽培黑麦草

黑麦草主要种植于南方温暖湿润的地区，宜于夏季凉爽、

冬季不太寒冷的地方生长，在昼夜温度为12～27℃时生长最好。在我国北方寒冷地区，不能越冬或越冬性很差。在北京越冬率约为50%，东北南部越冬率不到10%。它不耐热，特别在气温高同时伴随干旱的情况下，常会枯死。多花黑麦草适宜在壤土或黏壤土地种植，比较耐湿、耐盐碱，在含氯盐0.25%以下的土壤上生长良好，但最适宜的土壤pH值为6～7，在土壤pH值为5～8时生长也较好。鲜草干物质中含粗蛋白质13.4%，粗脂肪4%，粗纤维21.2%，粗灰分14.9%，其中钙0.48%，磷0.3%。

栽培技术包括以下几方面。

1. 整地：多花黑麦草的种子比较小，所以整地要精细，要深翻地，耕深不少于20cm。

2. 播种：多花黑麦草为秋播或春播。在我国淮河以南地区，适宜秋播；翌年春即可刈割利用。华北和西北则宜春播，4～5月播种，9～10月收获利用。

多花黑麦草可与水稻轮作。多花黑麦草还可与豆科牧草混播，混播组合为紫云英、白三叶、红三叶等。混播以多花黑麦草为主作物，豆科牧草的播种量，为单播的1/3～1/2。

3. 施肥：由于目前多在肥力较差的土地上种植牧草，而禾本科牧草又是需肥较多的作物，因此，施用基肥十分重要。基肥以有机肥为主，可加适量化肥。多花黑麦草需肥多，消耗地力强，在施足基肥的基础上，刈割之后，需要追肥一次。

4. 田间管理：多花黑麦草幼苗期生长缓慢，不耐杂草，因此苗期要及时中耕除草。单播的多花黑麦草草地，阔叶杂草占优势时，可用除草剂。天气干旱时要灌溉。多花黑麦草易遭黏虫、螟虫等害虫为害，要及时喷洒农药进行防治，但刈割利用前不宜喷洒。

5. 采种：多花黑麦草种子成熟期不一致，易落粒，必须适期收获。当有70%的植株穗头变黄时，在早晨露水未干时收获，采种田一般不刈割。

（三）栽培红三叶

红三叶生长最适温度为15～25℃，能耐－8℃的低温，喜凉爽湿润气候，但耐寒力不及紫花苜蓿。不耐热，夏季高温则生长不良或死亡。喜生于排水良好、土质肥沃，并富有钙质的粘壤土，适合的土壤酸碱度为pH值6～7.5，耐盐碱性差。开花期鲜草干物质中含粗蛋白质17.1%，粗脂肪3.6%，粗纤维21.5%，无氮浸出物47.6%，粗灰分10.2%，其中钙离子1.29%，磷0.33%。干物质消化率达61%～70%，草质柔嫩，适口性良好，各种家畜均喜食。

播前要求精细整地，在贫瘠土壤或未种过三叶草的土地上，应施厩肥作底肥，并用相应的根瘤菌拌种。春秋均可播种，南方以9月秋播为好，北方宜3月下旬春播。条播行距30～40cm，播深1～2cm。苗期生长缓慢，应注意中耕除草，刈割后要及时中耕松土，以利于再生。每年可刈割2～3次，南方每年可刈割3～5次。青贮宜在初花期刈割3～5次，青饲适宜在初花期刈割，晒干草在盛花期刈割。

（四）栽培胡萝卜

胡萝卜是很好的肉兔多汁饲料，含有丰富的胡萝卜素，可在兔体内转化为维生素A。肉质根含水分89%，糖10%，

粗蛋白2%，粗脂肪0.4%，粗纤维1.8%，适口性好，消化率高，对于提高种兔的繁殖力及幼兔的生长有良好效果，是冬春缺青季节兔的主要维生素补充料。

栽培技术：胡萝卜籽实小（千粒重1.1～1.5g），播前应精细整地。北方寒冷地区可在4～5月播种，中部地区在7月、南部地区可在8月播种，播前可将种子在水中浸泡4～8h，滤去水，用细土或草木灰拌匀，土地要湿润。当小苗长出2～3片叶时，进行第一次间苗，5～6片叶时，第二次间苗，再过10d可定苗。留苗的多少应根据地力而定。肥沃的土地应适当增加株距，反之应减少株距，即多留苗。生长前期遇干旱气候，要及时浇水，生长后期不宜浇水。春季播种的7月可收获；秋季播种的，肉质根在12月下旬或1月上旬收获，叶片在12月上旬收获；青割胡萝卜可在11月上旬播种，第二年3月下旬至6月上旬，每隔15～20d青割1次，共割4次叶。

（五）栽培苦荬菜

苦荬菜耐寒抗热，对土壤要求不高，产量高，品质好，价格低廉，为菊科属多年生草本植物。其干物质中含有粗蛋白质20%～24%，含氮浸出物30%～40%，粗纤维10%～14%，粗脂肪10%～15%，灰分10%～17%，是肉兔良好的青饲料之一。

1. 播种：苦荬菜种子细小，播种前土地要精细耕耙，以利出苗。播种时间南方2～3月，北方3～4月，即气温10℃左右为宜。可直播，亦可育苗移栽。播后覆土1cm左右。

2. 田间管理：幼苗长到5～6片叶时移栽，行距25～

30cm，株距10～15cm。播种移栽前要施一定的有机肥作基肥。出苗后中耕1～2次，用尿素追肥2～3次。病虫害很少，一般不用喷施农药。直播的应及时进行间苗。移栽成活后一般每半月剥叶一次，一直利用到开花期。

3. 收获：直播的可刈割，幼苗可长至40cm时刈割，其再生能力很强，2～3d可长出3～5cm长的新叶。我国南方年刈割5～8次，北方3～5次。如果需要留种，只能刈割2～3次。苦荬菜叶长30～50cm，宽2～8cm，茎叶富含白色液汁，蛋白质含量高，质量好，最好直接鲜喂，对母兔催奶和促进仔幼兔生长有良好效果。

●（六）栽培苏丹草●

苏丹草为禾本科高粱属牧草，苏丹草的优点是具有高度适应性、抗旱、生长快、再生性强、产量高。苏丹草属于喜温植物，温度条件是决定它的分布区域和产量高低的主要因素，在气温高、雨水多的地区生长十分繁茂。苏丹草对土壤要求不严，在微酸性的砂质土壤上也能生长，在沿海地区轻、中、重盐碱地均可栽培。栽培技术如下。

1. 播种：播前应尽量深翻土地。在翻地的同时施入较多的基肥，播种前要进行种子清选处理。为了防止黑穗病的发生，需要40%福尔马林加水300倍稀释后进行拌种。苏丹草种子发芽要求温度较高，只有当春季土壤10cm深处温度达10～12℃时才可播种，宜于晚霜后掐种。播种太早，地温低，种子不易萌发，幼苗易受晚霜低温危害。苏丹草多采用条播，水肥条件较好时，可窄行播种。行距20～30cm，播深4～6cm，如表土干燥时要进行镇压以利出苗，干旱地区宜宽行播

种，行距 45～60cm，播种量 1.5～2kg。收割时，播种量和密度可大一些；收种时播种量可小些，行距大些。

2. 田间管理：苏丹草苗期生长缓慢，与杂草竞争能力弱，应及时清除杂草。苏丹草喜肥喜水，水肥条件对其能否高产关系很大。

3. 收获：苏丹草的干草品质、营养价值和再生力，在很大程度上取决于刈割日期。从产草量看，自抽穗到成熟期，基本上无差别，但从营养成分作比较，则差异很大，刈割越早干草的饲料品质越好。调制干草最好是在抽穗前期，晚了则可食性降低。留茬高度一般 7～8cm。青饲时，以孕穗初期刈割为好，这时营养价值高，适口性和利用率都高。作为青贮利用时，以乳熟期为宜，这时茎秆糖分增加，尚不粗硬，易制成优质青贮料。幼嫩苏丹草的茎叶含有少量氢氰酸，但比高粱要低得多，随着核株生长，含量减少，一般无中毒危险。利用幼嫩青草青贮时，为防止氢氰酸中毒、贮前应稍加晾晒。

（七）栽培狼尾草

杂交狼尾草主要分布于世界热带和亚热带地区。我国分布于海南、广东、广西壮族自治区、福建、江苏、浙江等省区。在华南南部可以自然越冬，在江苏则须在冬季移入温室保护越冬。

杂交狼尾草喜温暖湿润气候，日平均气温达 15℃时开始生长。25～30℃时生长最快，低于 10℃时生长受抑制，低于 0℃时间稍长，则会冻死。耐旱、耐涝、耐酸性土壤，亦有一定的耐盐能力，在含氯盐达 0.5% 时仍可存活，但长势差。对土壤要求不严，但以土层深厚，保水保肥良好的黏土壤最为适宜。营养生长期株高 1.2m 时茎叶干物质中含粗蛋白质 10%，粗脂肪 3.5%，粗纤维 32.9%，无氮浸出物 43.4%，粗灰分 10.2%。茎叶柔嫩，适口性好，宜刈割青饲或青贮，草食家畜均喜采食。

1. 栽培技术：选土层深厚而肥沃的土地。春季栽植，取老熟茎秆，2～3 节切为一段，或用分株苗，按行距 60cm，株距 30～40cm 定植，茎芽朝上斜插，以下部节埋入土中而上部节腋芽刚入土为宜。

2. 收获：栽植后 60～70d，株高达 1～1.5m 时即可刈割。全年刈割 4～7 次。

第七节　肉兔饲养管理原则

一、饲养原则

（一）合理搭配饲料

兔是草食动物，草是饲粮中的重要组成部分。因此，在实际生产中出现两种极端认识：一种认为兔是草食动物，只喂给草，不喂精饲料，结果造成兔的生长缓慢，效益差；另一种认为要使兔快长高产，喂给大量精料或选择营养水平较高的饲料（如乳猪料、仔兔料、禽料等），甚至不喂青粗饲料，结果导致肉兔消化不良，引起消化道疾病，甚至死亡，饲养成本增高，同样效益也差。中小型家庭养殖场要坚持“种草养兔”的原则，对于妊娠母兔、哺乳母兔、配种期公兔、断奶仔兔要多喂青粗饲料，对于生长育肥兔要多喂精饲

料，后备种兔在有条件的情况下可以青粗料为主、精料为辅。大型养殖场以全价颗粒饲料为主，但必须严格按不同生理、年龄阶段购买或配制饲料，并根据需要有针对性的给兔群添加青饲料或草颗粒。

(二) 保证饲料品质

兔饲料配方中，首先应考虑饲料中纤维素的含量和质量，一般情况下，草粉添加比例通常在30%～45%，如果日粮中粗纤维含量太低，兔的正常消化功能就会受到扰乱，甚至引起腹泻；如果粗纤维中的木质素占的比重过大同样会出现消化道疾病。所以，在兔饲料配方中的纤维素原料组成情况以及整个纤维素原料所占的比例非常重要。建议养殖场在购买饲料之前需要对饲料配方和营养成分、原料组成等要有初步了解，一般质量好的饲料优质纤维素原料如：苜蓿、甜菜渣、麦麸等占的比重较大。如果为自配饲料的养殖场，要遵循“营养全面，合理搭配，原料多样”的原则，多种饲料合理搭配，各种养分取长补短；在青饲料刈割期，采收品种要多，粗老、野杂草多样化。严格遵守饲料加工要求，以满足兔对各种营养物质的需要，获得全价营养。

高度重视饲料的质量，注意饲料品质，不喂霉烂变质饲料、不喂打过农药的饲料、不喂有毒有害的饲料，是减少兔病和死亡的重要前提。要喂新鲜、优质的饲料，对各种饲料按不同的特点进行合理调制，可提高饲料消化率和减少浪费。块根、块茎类饲料应洗净、切碎，单独或拌合精料饲喂。

(三) 科学的给料方法

1. 更换饲料要逐渐过渡：肉兔饲料无论是数量的增减或

种类的改变，都必须坚持“逐步过渡”的原则。变化前应逐渐增加新换饲料的添加量，每次不宜超过1/3，使兔的消化机能与新的饲料逐渐适应。更换颗粒饲料的过渡时间一般为1周。

2. 按季节喂料、定时定量：每天饲喂肉兔要定次数、定时间、定顺序和定数量，以养成肉兔定时采食、休息和排泄的习惯，有规律地分泌消化液，促进饲料的消化吸收。相反，喂料多少不均，早迟不定，先后无序，不仅会打乱兔的进食规律，造成饲料浪费，还会诱发消化系统疾病，导致胃肠炎的发生。一般要求日喂3～5次，精、青粗料可单独交叉饲喂，也可同时拌合饲喂。喂料的顺序、次数、数量应根据品种、年龄、生理状况、季节、气候、粪便等情况作适当调整。如仔幼兔消化力弱，生长发育快，就必须多喂几次，做到“少吃多餐”。夏季中午炎热，肉兔的食欲降低，早晚相对凉爽，兔的食欲较好，早晚多喂而中午则应少喂。粪便太干时，应多喂多汁饲料，减少颗粒饲料喂量；雨季要少喂青绿饲料，以免引起肉兔腹泻。

3. 兔有夜间采食的习惯：夜间采食量占全天采食量一半以上，所以夜间要多给饲料，最好夜间再添一次颗粒饲料或干草，尤其是育肥兔。

（四）保证饮水质量

水是第一营养要素，维持肉兔正常的生理机能活动，完成营养物质在体内的消化、吸收及残渣的排泄，都离不开水。日供水量可根据家兔的年龄、生理状态、季节和饲料特点而定。高温季节需水量大，喂水不应间断；幼兔生长发育旺盛，

饮水量高于成年兔；妊娠母兔需水量增加，尤其是产后要及时供水；哺乳母兔需水量大；喂给较多青饲料时，兔的饮水量可能减少，但不能断水。所有的兔场最好采用自由饮水（装备自动供水系统），安装科学的供水系统和加药设备。

二、管理原则

（一）舒适的兔场环境

创造舒适兔场环境是养好兔的前提条件。养殖场要根据兔的生物学特性，针对当地的自然生态条件，结合实际情况，尽量创造一个良好的小环境。

首先，保持清洁卫生，坚持每天打扫兔笼兔舍、清除粪便；经常洗刷饲具，勤换垫草；定期消毒，以保持兔舍清洁、干燥、使病原微生物无法滋生繁殖。其次，夏季应进行防暑，冬季注意防寒。兔的最适温度为 15 ~ 25℃，舍温超过 30℃和低于 5℃，持续时间越长，对兔的危害就越大。规模较大的兔场，需设置防暑降温、防寒保温设备。家庭小规模饲养，可在兔舍周围植树，搭葡萄架，种植丝瓜、南瓜、爬山虎等藤蔓植物遮阳，将兔舍门窗打开或安置排风扇等，以利通风降温；冬季做好防寒保温工作，特别是仔兔保温工作。第三，要保持环境安静，防止兽害。在饲养管理上，动作应轻，并保持环境安静，同时还应防止猫、老鼠、黄鼠狼、狗等动物对兔的侵害。

（二）合理的分群分笼

兔场所有兔群应按品种、生产方向、年龄、性别等分群

分笼饲养，搞好管理。种公兔和种母兔应单笼饲养。在繁殖季节，可有意安排种公兔和种母兔相互穿插分笼，或面对面分笼，以利于异性刺激发情。育肥兔采食后要少运动，每笼的密度不能过小。种公兔需要运动，所以应单笼饲养，并选择较大的兔笼。进行肉兔群养的养殖场，每群肉兔的饲养量一般不要超过 30 只为宜。

●（三）科学的种群淘汰●

种群选择与淘汰是兔场提高品种质量，增加养殖效益的重要途径。主要是根据种兔的繁殖记录，对不发情、受配率低、产仔数少，后代生长速度慢、发病率高，或者是其他原因导致不能作为种用的种兔进行淘汰。为保持种兔群数量的稳定和生产计划的连续性，还要及时培育、补充后备种兔，一般情况下，种兔每年更新淘汰率在 25% ~30% 。

每个兔场在正常运行 3 ~5 年后，为调整种兔血缘结构和提高种兔质量，可适当引进部分优良种兔。

●（四）严格的疾病预防●

严格执行防疫制度进行疾病预防，是提高养兔效益的重要保证，严格防疫制度是家兔饲养管理的重要环节。任何一个兔场或养殖户都必须建立健全引种、定期消毒、定期进行兔群健康检查、预防注射疫苗或预防投药、病兔隔离及加强进出兔舍人员的管理等防疫制度。管理人员和饲养员都应严格遵守。

第八节　种兔的饲养管理

一、种公兔的饲养管理

饲养种公兔的目的在于配种、繁殖，以获得更多的优质后代。种公兔对后代的影响要比种母兔大得多，其优劣对兔群质量影响很大，因此，养好种公兔意义重大。

（一）配种期的饲养管理

1. 饲料营养要全面、均衡：种公兔的饲养水平会直接影响到配种能力和精液品质。因此，在饲养上要注意饲料营养的全面性和均衡性，特别是蛋白质、维生素、矿物质等营养物质，对保证精液数量和质量有着重要作用。

（1）蛋白质：日粮中蛋白质丰富则种公兔性欲旺盛，精液品质良好，精子密度大、活力强，母兔配种后受胎率高。生产精液必需的氨基酸有色氨酸、胱氨酸、组氨酸、精氨酸等，不仅制造精液需要蛋白质，而且在性功能的活动中，如激素、各种腺体分泌物以及生殖系统的各个器官也需要蛋白质加以修补和滋养。日粮中蛋白质不足则会导致种公兔性欲低下，精子的数量和质量降低。所以，饲养种公兔应从配种前2周到整个配种期，每天补喂炒后煮熟的黄豆10～20粒或豆饼、蚕蛹、苜蓿等，以保证整个配种期的精液品质和受胎率。

（2）矿物质：矿物质对公兔的精液品质也有明显影响，特别是钙，是制造精液所必需的矿物质。如果日粮缺钙，则

精子发育不全，活力降低，配种时出现四肢无力等症状。日粮中有精料供应时，一般不会缺磷，但要注意钙的补充，钙、磷比例应为（1.5～2）：1。如在精料中能经常供给2%～3%的磷酸氢钙、蛋壳粉或贝壳粉，就不会出现钙、磷缺乏症。

（3）维生素：维生素与公兔的配种能力和精液品质有密切关系。青绿饲料中含有丰富的维生素，所以，一般不会缺乏，但冬季青绿饲料少，或常年饲喂颗粒饲料而不喂青饲料时，容易出现维生素缺乏症。特别是缺乏维生素A时，会引起公兔睾丸精细管上皮变性，精子数减少，畸形精子数增加。如能及时补喂青草、菜叶、胡萝卜、大麦芽或多种维生素就可得到补充。

2. 配种强度要恰当：要充分发挥种公兔的作用，应掌握合理的配种强度。首先，种公兔的初配年龄和使用时间要科学。肉兔一般3～4月龄性成熟，6～7月龄才能达到配种年龄；种公兔一般在7～8月龄第一次配种，使用年限为2年，特别优良的种公兔最多不超过3～4年。其次，保持合适的公母比例。家庭肉兔养殖场每只公兔固定配母兔以10～12只为宜。在种公兔群中，壮年公兔和青年后备公兔应保持合适的比例，一般壮年公兔占60%，青年公兔占30%，老年公兔占10%。再次，在配种旺季不能过度使用种公兔。青年公兔每日配种1次，连续2d休息1d；初次配种公兔实行隔日配种法，也就是交配1次，休息1d；成年公兔每日可交配2次，连续2d休息1d；每天配种两次时，间隔时间至少应在4h以上。最后，采取正确的繁殖法。频密繁殖又称“配血窝”或“血配”，即母兔在产仔当天或第2天就配种，泌乳与怀孕同

时进行。采用此法，繁殖速度快，但由于哺乳和怀孕同时进行，易损坏母兔体况，种母兔利用年限缩短，自然淘汰率高。建议家庭肉兔养殖场“春繁”和“秋繁”结合频密繁殖、半频密繁殖配种，其他时间应以延期繁殖为主。

3. 饲养管理要精心：

（1）公兔群是兔场最优秀群体，应特殊照顾：提供理想的生活环境：清洁卫生、干燥、凉爽、安静等，应减少应激因素，适当增加活动空间。笼养公兔要定期运动，至少每周要运动2次，每次运动1h左右。若舍内阳光不足，则应定期把公兔放在阳光充足的场地上，以增强体质和提高性欲。

（2）夏季防暑是养好公兔的首要任务：当舍温超过25℃时，精子的活力下降；当舍温高于30℃时，就会引起精子减少、密度降低，畸形精子率升高，出现“夏季不育”。为使种公兔安全过夏，种公兔舍应采取屋顶喷淋、增加冷热空气对流或通过兔场植被绿化等降温，有条件的场（户）还可在兔舍内安装空调。为缩短“夏季不育”恢复期可采用提高营养水平（蛋白质、矿物质、微量元素和维生素等）、添加抗热应激添加剂等技术措施。

（3）饲养过程中禁止两只种公兔同笼饲养，也不应将种公兔与母兔或其他兔同笼饲养，公兔笼最好远离母兔笼，以利于公兔休息，减少母兔刺激引起的体力消耗。

（4）按家兔疫病的防疫计划和程序进行预防接种和驱虫。平时多观察，发现公兔精神不振，食欲减退或粪便异常、生殖器官炎症等，应停止配种，查明原因，隔离治疗，对患有生殖器官疾病的种公兔要及时治疗或淘汰。春、秋两季换毛

期间，配种次数应适当减少，注意增加矿物质和动物性饲料，尽量延长使用年限。

（二）非配种期的饲养管理

1. 种公兔过肥或过瘦都会影响配种，甚至失去种用价值。非配种期是种公兔恢复体况的时期，这一时期种公兔不参与配种，没有负担，因此，饲料应保持中等营养水平，使其保持不肥不瘦的体况，防止体况过肥而导致配种能力差、性欲降低和受胎率低。种公兔实行限制饲养，一般可通过对采食量和采食时间的限制来进行，一种是自由采食配合料，每只公兔每天的饲喂量不要超过 150g；另一种是料槽中一定时间有料，其余时间不给料只给饮水，一般料槽中每天的给料时间为 5h 左右。种公兔不宜饲喂能量过高或体积较大的秸秆饲料，或含水分较高的多汁饲料，要多喂含粗蛋白质和维生素类丰富的饲料。如高能量饲料喂得过多，就可能导致种公兔过肥，引起性欲减退，精液品质下降，影响配种期的受胎率。喂给大量体积较大的青粗饲料，就可能导致腹部下垂，俗称“草腹”，引起配种困难。

2. 非配种期饲养标准为：饲料消化能 9.5 ~ 10.5MJ/kg，粗蛋白质含量 12% ~ 14%，粗脂肪 2% ~ 3%，粗纤维 14% ~ 16%，供给足够的维生素和微量元素。每天喂给配合饲料 80 ~ 120g，搭配青绿饲料 800 ~ 1 000g。冬季要补充一些多汁青绿饲料，若青绿饲料少，必须在颗粒饲料中添加双倍量的复合维生素，一是弥补颗粒料中的损失，二是满足种公兔的营养需求。要始终保持饲草饲料的清洁卫生，不喂霉烂变质，挟带泥浆、露水、冰块或被粪便污染的饲料。

二、种母兔的饲养管理

种母兔是兔群的基础，饲养的目的是提供数量多、品质好的仔兔。种母兔的饲养管理比较复杂，因为母兔在空怀、妊娠、哺乳阶段的生理状态各不相同，因此，在饲养管理上也应根据各阶段的特点，采取不同的措施。

（一）空怀期母兔饲养管理

空怀种母兔是指幼兔断奶后至再次配种妊娠前这段时间的母兔。由于母兔在哺乳期消耗了大量养分，体质瘦弱，此期饲养管理的关键是补饲、催情，通过日粮的调整，使母兔在上一繁殖周期消耗的体能尽快恢复，以使母兔发情，进入下一繁殖周期。

为防止母兔过于肥胖，使母兔能正常发情、排卵和妊娠，降低胚胎在附植前后的损失，母兔应多喂些优质青绿多汁饲料。空怀母兔应保持七八成膘的体况，过肥或过瘦的母兔都会影响发情、配种。要适时调整日粮中蛋白质和能量水平，对过瘦的母兔应增加精料喂量，迅速恢复体质；对过肥的母兔要减少精料喂量，适当增加运动。

要保持兔舍内空气流通、兔笼及兔体清洁卫生，要有充足的光线，以促进机体的新陈代谢，保持母兔正常的性机能。此段时间每天的光照应达14～16h，光照强度为每平方米3～4W，电灯泡高度2m左右，以利于发情受胎。

对膘情正常但发情不明显或不发情的母兔，在改善饲养管理条件的同时，可采用异性诱导催情法或人工催情法使其发情。

在一般情况下，为了提前配种、缩短空怀期，可多饲喂一些青饲料，增加维生素含量，饲喂一些具有促进发情功能的饲料，如鲜大麦芽和胡萝卜等。在配种前7～10d，实行短期优饲，每天增加混合精料25～50g，以利于空怀母兔早发情、多排卵、多受胎和多产仔。

●（二）妊娠期母兔饲养管理●

妊娠母兔，除维持本身营养需要外，还要供给胎儿营养。特别是青年母兔，仍处在生长阶段，除供给胎儿正常生长发育的营养需要外，还要供给自身生长的需要，因此，供给母兔全价的营养才能满足这些需要。妊娠前期（1～15d）胎儿处在发育阶段，主要是各种组织器官的形成阶段，增重占整个胚胎期的1/10左右，对营养物质数量的要求不高，应注意饲料的质量。一般按空怀母兔的营养标准供给即可。妊娠15d后应逐渐增加精料喂量，从妊娠19d到分娩这段时间，胎儿处于快速生长发育阶段，增重加快，精料应增加到空怀母兔的1.5倍，同时要特别注意蛋白质、矿物质饲料的供给。矿物质缺乏时，易造成母兔产后瘫痪。临产前3～4d要减少精料喂量，以优质青粗和多汁饲料为主，以免造成母兔便秘和死亡，或难产及产后患乳房炎。母兔分娩后2～3d要逐渐将精料增加到哺乳期的标准和用量。

怀孕母兔的管理工作，主要是做好护理，防止流产，流产一般在怀孕后15～25d内。引起母兔流产的原因有3个方面：一是机械性刺激，包括捕捉方法不当、惊吓、不正确地摸胎、挤压等；二是营养不足，包括饲料营养水平低、饲料

营养不全面，突然改变饲料成分，或饲料霉变、冰冻等；三是患兔瘟、兔巴氏杆菌病、魏氏梭菌病等传染病或肠炎腹泻等肠道疾病而引发流产。因此，妊娠母兔必须一兔一笼，防止挤压和冲撞；不要无故捕捉；摸胎检查时动作要轻；饲料要清洁、新鲜，营养要充足、全面；不喂冰冻、变质饲料；兔舍要注意通风干燥、清洁卫生，并保持兔舍安静；如果发现有流产征兆应及时注射黄体酮进行保胎。

临产前2~3d要准备好产仔箱，清洗消毒后铺垫一层干燥、柔软的垫草，临产前1~2d把产仔箱放入妊娠母兔笼内，供其拉毛。对不会拉毛的母兔要进行人工辅助拉毛，拉毛可以刺激乳腺分泌乳汁，但不要拉伤母兔皮肤，以免引起乳房炎。产房要有饲养员看守，冬季注意保温，夏季注意防暑；产仔时要给母兔准备好温的红糖水、青绿饲料，以免因母兔口渴误食仔兔。

(三) 哺乳母兔饲养管理

母兔哺乳期间是负担最重的时期，饲养管理对母兔、仔兔的健康都有很大影响。母兔产仔后喂完第一次奶，就应把产仔箱从母兔笼中取出，实行母仔分开饲养。这种哺乳方法可了解母兔的泌乳情况，防止仔兔吊奶；掌握母兔发情情况并及时配种；避免母仔争食，增强母兔体质；避免仔兔吞食母兔粪便，降低球虫病发病率等。

母兔在哺乳期间，应喂给哺乳母兔专用全价饲料，并根据仔兔的周龄，随时调整母兔饲料的用量。此外，还可喂给母兔易消化、营养丰富、清洁、新鲜的青绿饲料。为掌握母兔、仔兔营养供给情况，可将母兔与仔兔分别称重。前3周每周称重1次。若仔兔发育正常，则出生后1周龄的仔兔比初生的仔兔体重增加一倍，第2周龄体重在第1周龄的基础上又增加一倍，第3周龄体重又在第2周龄的基础上增加一倍。如果仔兔体重增长情况符合这个规律，母兔体重也不下降，则表明母、仔生长良好。否则，表明饲料配合不当，应立即增加营养丰富的优质饲料。

从初生到20日龄，每天喂奶1～2次，20日龄后每天可只喂1次奶，每次喂奶时间10～15min。喂奶前要认真检查母兔喂奶情况，发现母兔奶水过多、过少、过干、过稀，或者母兔不愿意喂奶等情况要及时处理。对乳水不足的母兔必须及时催乳。可将炒黄豆和花生米用水泡开、煮熟，然后取15～20粒喂母兔；也可将鲫鱼汤与红糖水一起灌服。喂奶时如发现乳房有硬块，乳头有红肿、破伤情况，要及时治疗。为减少乳房炎的发生，在产前2～3d开始减少混合精料，补加青绿或多汁饲料，产后3～4d，再逐渐增加精饲料，也可提前在饲料中添加预防乳房炎的药物。喂奶的同时检查产仔箱内仔兔粪尿情况，如产仔箱内清洁干燥，很少有仔兔粪尿，而且仔兔吃得很饱，说明哺乳正常；如尿液过多，说明母兔饲料中含水量过高；粪便过于干燥，则表明母兔饮水不足；如果饲喂发霉变质饲料还会引起下痢和消化不良。

第九节　肉兔各生理阶段的饲养管理

一、仔兔的饲养管理

仔兔的适应能力和抵抗力都较差，饲养管理的任何疏忽，

都会造成仔兔的死亡，从而降低养兔的经济效益，所以要加强管理，提高仔兔的成活率。

（一）影响仔兔成活率的因素分析

仔兔养殖过程中最大的问题就是不按规程进行饲养管理，防护不周，导致仔兔死亡，其主要原因有以下几个方面。

1. 笼温控制不好：保温方法不当，导致保温箱内温度过低而冻死或窝中太热出现汗蒸窝；兔窝冷热不均，出现感冒拉稀等。在寒冷的季节，产仔时无人值班，母兔将仔兔产在窝外，母兔又不拉毛覆盖，2h 左右仔兔就会冻死。

2. 动物危害：仔兔出生 7d 内，是防止猫、鼠、狗进入兔舍危害仔兔的关键时期。如管理不善，极易导致动物咬死、咬伤仔兔，应加强防范。

3. 母兔异食癖：母兔临产前受到惊吓而导致产生异常反应，将自己所产仔兔吃掉。有的母兔由于产后口渴，再加上没有及时提供清洁饮水，故将仔兔吃掉。有的血配母兔由于分娩后马上配种，怀孕后也会出现拒绝哺乳、甚至咬死仔兔的现象。

4. 压死和饿死：母兔母性不强，哺乳时睡在仔兔上面导致仔兔死亡；母兔泌乳量太少，泌乳力不强，仔兔吃不饱而饿死；母兔拒绝哺乳而使仔兔饿死。

5. 病死：初生仔兔吃了患乳房炎的奶汁后，发生急性肠炎、下痢，排出腥臭的白色或黄色粪便，然后脱水，导致仔兔死亡；如果仔兔患有球虫病、兔瘟病等疾病，也容易引起仔兔死亡。

6. 意外死亡：由于管理不善，兔笼太高、笼门关闭不严，

仔兔从笼里掉到地上摔死或是在笼门处被夹死；仔兔被柔软、韧性大的垫草缠绕，不能及时解脱而致死；笼底板过稀导致骨折引起死亡。

（二）仔兔“抓三关”饲养管理

1. 初生关：

（1）做好接产工作：除保证孕兔妊娠和泌乳期的营养需要外，首先，要准确记住母兔的预产期，提前做好接生准备。其次，初生仔兔应及时让其吃足初乳，初乳营养丰富，还含有免疫球蛋白，应让仔兔在产后1h内吃足初乳，使其生长发育快，体质健壮。可采用强制哺乳、人工哺乳和寄养等措施，按时哺乳。再次，实行母仔分养，新生仔兔吃完初乳后，立即将母仔分开。最后，切实做好仔兔防冻、防压、防吊乳等管理工作。

（2）加强保温工作：仔兔对环境温度要求高，仔兔生后1～5日龄最适宜的温度为30～32℃，5～10日龄为25～30℃。不同季节仔兔的适宜温度有所变化，其判断标准是：若仔兔往中间挤成一团表明温度偏低，如仔兔往保温箱边缘靠则说明温度偏高。要防止过冷或过热出现“热蒸窝”，夏天应及时减少垫草和盖毛，每天用手拨弄仔兔活动1～2次。

（3）每天定时喂奶：每天定时喂奶1～2次，每次3～5min。如果仔兔腹部圆胀，肤色红润，被毛光亮，则说明仔兔已经吃饱；仔兔饥饿则表现出皮肤皱褶，腹部瘪陷，肤色发暗，毛色枯燥无光，用手摸仔兔头向上窜跳，并发出“吱吱”叫声，发现饥饿仔兔应立即采用人工哺乳等办法解决。另外，还要防止母兔喂奶时受到突然惊吓而出现“吊乳”

现象。

(4) 假死仔兔急救：产后没有呼吸、只有心跳的仔兔称为假死仔兔，将假死仔放在手掌上进行人工呼吸，方法是将仔兔腹部朝天，反复伸屈手指数次，至仔兔开始自动呼为止；也可通过短时间的冷刺激后，使其全身颤动，再进行人工呼吸。对于产后冻僵的仔兔，可将受冻仔兔浸入 32 ~ 40℃的热水中，头部、鼻孔和嘴露出水面，然后用手揉动兔体使其活动，10min 左右仔兔开始蠕动，发出叫声即可取出，拿毛巾擦净仔兔身上的水后，放入巢箱保温，也可用人的体温、毛巾包裹取暖、兔体互暖等方法急救。

(5) 仔兔寄养：母乳不足的仔兔和窝产仔多的仔兔可进行寄养；如没有可寄养的母兔，则应淘汰体型小的和部分雄性的仔兔。寄养所选择的保姆兔必须有充足的奶水供给，并且寄养仔兔和保姆兔的分娩日期相差不超过 3d；此外，还要将寄养兔身上粘着的原巢内的兔毛和垫草等杂物清除干净，并涂上保姆兔的尿液，然后放入保姆兔的巢内，经过 2 ~ 3h 后，再将保姆兔放回笼内。必要的时候，也可进行人工哺乳。

(6) 实行强制哺乳：如果母兔不会或者不哺乳，可采用强制哺乳，方法是将母兔固定在巢箱内，然后将仔兔安放在母兔乳头旁，让其自由吮吸，每天进行 1 ~ 2 次，连续 3 ~ 5d 的强制哺乳，大多数母兔就会自行主动哺乳。

(7) 人工哺乳：如果仔兔出生后母兔死亡、无奶或患乳房炎等疾病不能哺乳或无适当母兔寄养时，可采取人工哺乳。人工哺乳可用牛奶、羊奶或炼乳等代替，喂时可用注射器吸入乳汁，任仔兔自由吮吸。

（8）人工帮助开眼：15 日龄后仔兔仍不能睁眼，应用 2% 的硼酸水或眼药水滴在其眼缝上，浸润片刻，用两手指在眼缝两侧轻轻向外拉，即可使仔兔开眼。

（9）母仔分笼饲养：仔兔开食后，为了保证健康，应采取母仔分笼饲养。避免仔兔误食母兔粪而感染寄生虫或其他疾病的垂直感染。也有利于培养仔兔独立生活能力，减少断奶应激。同时也有利于母兔断奶后发情。

（10）防动物危害等工作：生后 1 周的仔兔易受猫鼠狗等动物危害，应加强防范；1 只老鼠可连续咬死几只仔兔；兔笼应密实，避免老鼠进入，可采取诱捕和毒杀的办法消灭老鼠。

2. 开食关：母兔的泌乳量是有限的，随着仔兔的生长，仅靠母乳不能完全满足仔兔对营养的需求，必须给仔兔补料。

（1）仔兔在开眼后 3d，约出生 15 ~ 18 日龄，白天将仔兔转入仔兔笼中饲养，晚上再放回产仔箱。喂奶时将母兔放在笼中，哺乳后多带一会仔兔，母兔吃饲料时仔兔也会模仿母兔采食。一般 3 ~ 4d 仔兔便会自已试吃牧草和饲料，至 28 日龄时，可正式饲喂颗粒饲料。从 28 日龄到完全断奶前的这段时间，仔兔主要靠吃饲料来维持生长的需要，采取“少量多餐”饲喂方法供给仔兔饲料。

（2）开食期内应加强兔笼的打扫和消毒工作，减少仔兔感染球虫病的机会。补喂的饲料应加氯苯胍、地克珠利等抗球虫药，预防球虫病。

3. 断奶关：

（1）仔兔断奶的时间根据具体情况确定，一般从 28 至 45 日龄，小型兔体重达 500 ~ 600g，大型兔体重达 1 000 ~

1 200g。过早断奶，仔兔的肠胃等消化系统还没有充分发育，对饲料的消化能力差，生长发育会受影响。但断奶过迟，仔兔长时间依赖母乳营养，不能满足生长发育的需要，且消化道中各种酶形成缓慢，导致仔兔生长速度下降。同时，对母兔的健康和每年繁殖窝数也有直接影响。

（2）仔兔断奶方法分为一次断奶法和分批断奶法，具体操作如下。

①一次断奶法：这种断奶法是断奶前 3d 减少哺乳母兔饲粮的日喂量，到断奶日龄时一次将仔兔与母兔全部分开。此种断奶法的优点是省工省时、便于操作，被大多数兔场所采用；缺点是会引起仔兔应激和母兔烦躁不安。

②分批断奶法：这种断奶法是将一窝中体重较大的仔兔先断奶，弱小的仔兔继续哺乳一段时间，以便提高断奶体重。但此种断奶法的缺点是会延长哺乳期，影响母兔的繁殖成绩，目前多不采用。

二、幼兔的饲养管理

从断奶到 3 月龄的兔称为幼兔。幼兔具有生长发育快、消化机能和神经调节机能尚不健全、抗病力差等生理特点，同时还要经受断奶和第一次年龄性换毛给机体带来的巨大影响，所以，幼兔阶段是各类家兔死亡率最多的时期。如果饲养管理不当，不仅影响幼兔的成活率和生长发育，还会影响良种特性的发挥。实践证明，兔群的发展，质量的提高，很大程度上取决于幼兔阶段的饲养管理水平，肉兔家庭养殖场

需加强幼兔的饲养管理。

●（一）影响幼兔成活率的因素分析●

1. 球虫：球虫发生的环境条件是温度20℃以上，湿度在55%以上。因此，在5~9月是高发季节，1~3月龄的幼兔是主要的受害者，感染率可达100%，死亡率可达到50%~80%。肠球虫还往往继发感染大肠杆菌、魏氏梭菌、肠炎等消化道疾病，增加治疗难度。

2. 兔瘟：兔瘟是导致幼兔死亡的主要疾病，凡养兔就必须在仔兔25日龄或断奶后注射兔瘟巴氏杆菌疫苗，再在3月龄时注射一次兔瘟巴氏杆菌疫苗，以后每隔6个月注射一次。兔瘟应坚持树立以“预防为主”的指导思想。

3. 拉稀、胀肚：造成肉兔拉稀胀肚的原因：一是饲料配比不当，饲料粗纤维不足、蛋白能量饲料配比过高或原料选择不当，均可导致家兔胃肠道蠕动不足，盲肠异常发酵，引起肉兔消化道疾病。二是由于肉兔采食了发霉、腐败、变质的饲料，或者是带有露水、雨水、霜水、冰块以及被污水污染的饲料。三是肉兔饲料的突然更换导致幼兔贪食吃得过多，大量供给水分较大的青饲料或者多汁饲料。四是环境与气候的突然变化，当肉兔处于亚健康状况下，环境不良与天气骤冷骤热，均会导致肉兔消化能力和抵抗力降低而发生拉稀、胀肚。五是由于兔瘟（特别是慢性兔瘟）、魏氏梭菌病、巴氏杆菌病、球虫病、大肠杆菌病等疾病引起的拉稀和胀肚。

针对幼兔的上述症状，首先要分析造成幼兔拉稀、胀肚的病因；如果不是由细菌和寄生虫引起的消化道疾病，则可采取“控制喂料、促消化和补液”的原则处理；如果是细菌

性引起的则采取“杀菌、控料、促消化和补液”的原则处理；如果是由于球虫引起的细菌性继发感染，则首先控制球虫后再采取措施。需要注意的是幼兔的拉稀、腹泻和胀肚病千万不能乱用抗生素类药物。

4. 断奶应激：主要有心理应激，断奶后由于肉兔母子分开，相互有依念情绪，产生心理应激；其次是环境应激，仔兔被移至其他饲养笼不习惯；营养性应激，幼兔突然没有奶吃了，只吃饲料难以习惯。

5. 乱用抗生素：断奶后的幼兔肠道还未完全发育完善，其消化菌群数量还不足，如果此时用抗生素，会使兔消化道功能异常，进而影响到免疫系统等，出现死亡。

（二）幼兔饲养管理

1. 幼兔断奶是关键，应做好相应的管理工作，必须做到“三不变”。即环境不变：断奶后幼兔不能换兔笼，只把母兔从笼中移开即可；其次是兔群不变，即暂时不要分笼；最后是饲养管理不变：保持原来的管理方式，且饲料要逐步过渡。

2. 饲喂方法：幼兔断奶后不要急于改变各类饲料，饲料的数量可逐渐增加，但饲喂次数由多到少，以吃到八成饱为宜。幼兔饲料的投喂顺序是：先喂精料、后喂粗料，然后喂青绿饲料。

3. 精料要求：幼兔的饲料必须容易消化、且营养均衡，并能有效抑制消化道的有害细菌；必须选用优质、适口性好和含有适量半木质纤维的饲料。玉米、豆粕、蚕蛹、鱼粉等原料不能过量，苜蓿草粉、麦麸等可适当多用。

4. 增强饲料消化率：为了提高幼兔的消化能力，精料中可添加复合酶、多维、益生素等。根据季节变化可添加中草药、大蒜等物质提高幼兔的抗病能力。

5. 做好疫病防治工作：在 25～28 日龄注射一次瘟巴二联苗，隔一星期后再加强注射一次。另外还可以根据本场实际情况注射大肠杆菌和魏氏梭菌疫苗等。对幼兔还要做好球虫病、巴氏杆菌病的防治工作，减少对幼兔的危害。

6. 做好降温防暑工作：做好夏季防暑和晚秋、冬季、早春的防寒工作。对于幼兔更应做好这一工作，防止幼兔中暑和受凉感冒、肺炎、腹泻等病的发生。

7. 精心饲养，仔细观察：发现吃食少，精神萎靡，粪便不正常的兔，要及时隔离治疗。要增加运动，多见阳光，补充适量矿物质。

三、青年兔的饲养管理

青年兔是指 3 月龄到配种阶段的肉兔，又称后备兔。青年兔的特点是生长发育快，主要是长骨骼和肌肉的阶段，对蛋白质、无机盐和维生素的需要多，对粗饲料的消化力和抗病力已逐渐增强。成熟早的公母兔已有性欲和发情表现。

青年兔由于生长发育快，体内代谢旺盛，需要供给充足的蛋白质、无机盐和维生素。饲料应以青粗料为主，适当补给精饲料，5 月龄以后需控制精料用量，以防过肥，影响种用。

为了防止青年兔的早配、乱配，3 月龄对青年兔进行 1 次选择，把生长发育优良，健康无病，符合种兔要求的肉兔留

作种用，最好单笼饲养。不作种用的公兔要及时去势后育肥，可合群集体饲养。

四、肉兔育肥方法与技术

肉兔的肥育，就是要在短期内增加体内的营养蓄积，同时减少营养的消耗，促进同化作用，抑制异化作用，使肉兔采食的营养物质除了维持正常生命活动外，能大量蓄积在体内，形成肌肉和脂肪。

（一）肉兔的肥育方法

肉兔肥育方法一般分为专用兔育肥和淘汰兔育肥两种。

1. 幼兔肥育：是指仔兔断奶后就开始催肥。肥育开始时可采用群养，使幼兔有充分运动的机会，达到增进健康、促进骨骼和肌肉充分生长的目的。45 日龄后即可采用笼养法肥育，时间为 20 ~ 30d，体重达 1. 9 ~ 2. 2kg 时即可屠宰。

2. 淘汰兔肥育：淘汰兔是指对年龄老化已不适宜作种用的公母兔，淘汰兔的育肥要根据身体情况和经济质量是否合算而定。若淘汰兔本来已经很肥，就没有必要再进行催肥，停止繁殖后，饲养一段时间即可上市；对于过瘦的淘汰兔育肥不易，而且要消耗较多的饲料，经济上不合算，则不必催肥，直接出售即可；老龄公兔淘汰后应先去势再育肥效果较好；淘汰育肥兔的饲养管理措施和原则仍参考一般商品兔的育肥方法，让兔多吃少动，达到出栏标准即可上市。

（二）肥育技术

1. 限制运动：肥育期的家兔，尤其是肥育后期应限制运

动，不宜采用放养方式，最好圈养在笼内。

2. 少喂多餐：肉兔的育肥饲料应以精料为主，青料为辅。选用专用肉兔育肥全价颗粒饲料，保证充足、清洁的饮水。育肥期的兔子由于运动减少，饲料又以精料为主，所以通常表现食欲较差。为增进食欲，应掌握少喂多餐的原则，以增加其采食量。

3. 环境控制：环境控制主要是指温度、湿度、密度、通风和光照等环境条件的控制。温度过高或过低都是不利的，最好保持在25℃左右。湿度控制在55%～65%；密度根据温度及通风条件而定。光照对于家兔的生长和繁殖有影响。育肥期实行弱光或黑暗，仅让兔能看见采食和饮水即可，暗光有抑制性腺发育、促进生长、减少活动、避免咬斗、提高饲料利用率等多种作用。

4. 预防疾病：育肥期主要疾病是球虫病、腹泻、肠炎、巴氏杆菌病及兔瘟。球虫病是育肥期的主要疾病，尤以6～8月多发。采取药物预防、加强饲养管理和搞好卫生工作相结合；预防腹泻和肠炎主要是注意饲料的合理搭配、粗纤维的含量，搞好饮食卫生和环境卫生；预防巴氏杆菌病一方面搞好兔舍的卫生和通风换气，加强饲养管理，另一方面在疾病的多发季节适时进行药物预防；定期注射疫苗，断奶前后，按要求注射1～2次即可出栏。

第五章 肉兔常见病诊治与预防

第一节 兔病的预防及措施

一、树立兔病预防意识

肉兔是草食性小动物，对饲养条件、饲料质量、饲养管理水平要求严格；肉兔抗病力弱，容易发病，治疗效果较差，死亡快且死亡率高，所以，养殖肉兔应遵循“预防为主、治疗为辅、防重于治、养重于防”的原则。肉兔的饲养管理精心细致，饲料营养全面充足，养殖的肉兔体质好，抗病力强，生长速度快。肉兔家庭养殖场的主要目标就是通过科学饲养，让肉兔健康、快速生长发育，提高养殖效益。肉兔是一种个体经济价值较低的动物，治疗药物的费用往往会超过其本身的价值，因此，治疗价值不大；对患病肉兔采取淘汰处理，其安全性、经济性和实用性远比治疗更有价值。病兔在治疗的过程中可能将病原菌传给其他肉兔，使兔场陷入不断治疗疾病的恶性循环，因此，应及早将病兔隔离、淘汰，然后进行消毒处理，即所谓“养防结合，无病防病，有病不治病”。兔场管理者应加强疾病预防意识，做好肉兔的各类疾病的免

疫工作和兔场消毒工作。

二、采取科学的饲养管理方法

（一）科学饲喂方式

肉兔应根据年龄、性别、用途适时分群饲养，每个饲养阶段饲料配方保持一致，采取定时定量饲喂等科学的饲养管理办法。根据肉兔的年龄、体重、个体差异、季节特点及对饲料的需要，确定每只兔每天的喂量，分次喂给。这样既可增强家兔的食欲，又可提高饲料的利用率，有利于促进家兔的生长，减少疾病的发生。饲料变换要逐步过渡，先更换1/3，间隔2～3d再更换1/3，约1周左右全部更换，使肉兔的采食习惯和消化机能逐渐适应饲料的变换。因为突然改变饲料，易引起兔的食欲减退或伤食，出现消化不良等疾病。

（二）合理搭配饲料

肉兔饲料要选用青绿饲草与能量饲料、蛋白饲料、粗饲料及添加剂等进行合理搭配，确保提供肉兔生长所需的粗纤维、能量、蛋白质、氨基酸和维生素等多种营养物质。饲料及饮水一定要注意品质、清洁卫生，禁止喂给发霉变质和被粪尿等有毒、有害物质污染的饲料和饮水，以免影响肉兔生长或引起肉兔相关疾病。

（三）建立良好的饲养环境

肉兔舍应保持清洁、卫生、干燥、通风，温度应适宜，防止舍温骤变。兔舍内应阳光充足、空气清鲜、流通，防止

穿堂风和盗风，避免兔舍潮湿阴暗。夏季注意防暑和冬季注意防寒，常年舍温保持在15~20℃。每天要清扫兔笼、兔舍和产仔箱，清洗饲槽和饮水用具，及时清除粪尿，定期更换垫草，禁用潮湿和发霉的垫草。对清除的粪尿和污物，要远离兔舍50m外的偏僻处集中堆放，并经发酵处理，这样可以杀死原虫和病原微生物。严禁随意乱抛和就近堆放。每当产仔前、调群和淘汰兔时，要消毒兔笼和产仔箱，以及其他用具，消灭舍内蚊蝇及鼠类。

三、高效的预防措施

●（一）定期进行健康检查●

建立肉兔健康检查制度，定期检查和经常性巡查结合进行。健康检查是提前发现疾病、预防疾病的主要措施，是兔场的一项非常重要的工作，应该高度重视。在检查过程中发现病兔和有异常表现者应立即隔离，并及时治疗或淘汰。对繁殖力差、发育迟缓和有恶癖的肉兔应及时淘汰。对肉兔的健康状态一般直观检查，主要包括：头部、被毛与皮肤、精神状态，体格发育与营养状况、四肢及脚部，以及粪便状态等。患病肉兔主要有以下临床表现。

1. 精神萎靡，烦躁不安，背毛粗糙无光泽，并有脱毛现象（非换毛期），机体运动受阻和失调，站立姿势不正，怕惊，常隐藏于兔笼角落。

2. 食欲不振或拒食、耳色发青或紫红、眼睛暗淡无光、有时呈半闭状态、眼角有眼屎、结膜充血潮红、眼睑垂胀，

角膜混浊。

3. 打喷嚏、流涎、鼻干燥或有黏液脓性分泌物，甩头、前肢脚爪抓搔两耳和笼底等。

如发现有上述某种表现者，应立即进行仔细检查，以便确认是否是某种疾病所致，如发现患兔应采取隔离措施，对有治疗价值的应及时治疗，没有治疗价值的应立即淘汰。通过健康检查，可以及时发现病兔，并能及时采取治疗措施和有效地控制疾病扩散。

（二）按时接种疫苗

兔场应做好疾病预防工作，定期接种相应的疫苗，以增强免疫能力，有效地预防肉兔的各种疾病。根据当前易发的疫病，已研制出的常用疫苗有：兔瘟疫苗，巴氏杆菌病疫苗、波氏杆菌病疫苗、魏氏梭菌和沙门氏杆菌病等疫苗，这些疫苗有的单联苗，有的是双联苗和多种混合疫苗。

1. 肉兔应按时进行预防接种，仔兔出生后 30 日龄前后进行第一次接种，一般免疫期为 4 ~ 6 个月，第二次接种在肉兔开始配种繁殖前再进行一次，以后每年在春秋两季或每个季度进行预防接种一次。

2. 做好疫苗保存工作：最适宜的免疫苗保存条件是温度 2 ~ 8℃、冷暗、干燥的环境，注意防霉。高温（35℃以上）和冷冻（湿苗，2℃以下）都会导致疫苗变性失效而不能使用。在疫苗运输途中，要避免阳光直射和高温，夏天最好在箱内加放冰块，冬季要防冰冻，数量少时最好使用放置冰块的保温瓶运输。

3. 加强接种消毒工作：注射用具如注射器、针头、镊子

等应先消毒备用，酒精棉球应在 48h 前制备，消毒用 75% 的酒精（取 99% 的酒精 100mL 加蒸馏水或冷开水 32mL 摇匀即可），组织好直接参与接种工作（保定肉兔、注射和记录）的人员等。疫苗接种最好一兔一只针头，皮肤消毒要认真，以免造成人为感染和疾病传播。

（三）防止有毒有害物质中毒

1. 避免使用变质饲料：饲料受潮，黄曲霉菌、青霉菌和白霉菌滋生，可产生毒性很强的物质，给肉兔饲喂这种发霉的饲料会发生中毒现象，严重时会引起大批肉兔死亡，给兔场带来巨大损失。

2. 误用驱虫药：肉兔对敌百虫等驱虫药较为敏感，无论外用或内服驱虫药，用量偏高均可引起肉兔中毒。严禁超量使用驱虫药是防止肉兔中毒病发生的根本措施。

3. 饲喂污染的青饲料：如喷洒有机磷或有机氯农药的蔬菜，被农药污染的田间杂草等，在毒性未消失前即用来饲喂，都有可能导致肉兔中毒。

（四）控制外来病原

加强引进种兔的检疫，引进种兔时不要从疫区和发病兔场引进，必须从无疫区和健康兔群引种。引种后要进行隔离观察一个月，确认无病，方可放入群内饲养。同时要严格控制闲杂人员随意进入兔舍，以免将病源带入兔舍。

第二节　肉兔健康检查和给药方法

疾病诊断就是查明肉兔生病的原因、确定感染的病情，

并制定相应的诊疗方案。而掌握肉兔的健康检查方法、药物及疫苗使用方法、消毒方法等是进行肉兔疾病诊断和治疗的基本技能。

一、肉兔健康检查方法

肉兔的健康检查是一项重要工作，可及时发现病兔，采取有效防治措施，从而阻断疾病的传播，减少兔场经济损失。一般从兔的精神状态、外貌、食欲、粪尿、呼吸、体温和心跳等方面进行检查。

（一）外貌

1. 营养良好，体态丰满，躯体匀称，用手触摸兔的脊椎，背肉丰厚，脊骨不容易分辨，证明健康无病。如脊椎骨突起，呈算盘珠状，髋关节凸出，可能患有寄生虫病，如球虫病或慢性疾病、伪结核病、慢性巴氏杆菌病、慢性波氏杆菌病、腹泻病或营养不良。

2. 健康肉兔的被毛浓密贴体，富有光泽和弹性。如果被毛稀疏蓬乱、暗淡无光、被粪便污染，均为不健康表现，可能患有腹泻、慢性病、寄生虫病等。如背部、腿部、颈部被毛成块脱落，并有疱疹和结痂，可能患有霉菌病。

3. 皮肤结实、紧密有弹性，皮肤无脱屑和结痂。母兔腹部呈暗紫色、有硬块（团）可能有乳房炎。腹部和背部有脓性结痂，可能患有葡萄球菌病。如嘴、鼻、两耳和爪等器官周围的被毛脱落，并有鳞片结痂，可能患有疥癣病。公兔睾丸皮肤若有糠麸样皮屑，肛门及外生殖器官的皮肤有结痂，

可能患有梅毒等。如果腹围增大，触摸盲肠大并有气体和水样感，可能是魏氏梭菌性肠炎。

4. 健康兔的眼结膜应红润。如果兔眼结膜苍白，多为严重慢性消耗性疾病。如结膜黄染，身体消瘦，多为肝寄生虫病或球虫病。

5. 健康的白兔耳朵呈粉红色。如呈灰白色则表示体虚血亏；如呈红色且烫热即为发烧；如耳色表紫，耳温过低，则有重病的可疑。

（二）精神状态

健康肉兔应行动敏捷，神态活泼，两耳直立，听觉敏感，起卧运动有一定姿势。病兔则缩头、萎靡。如歪头可能是巴氏杆菌病、中耳炎，歪头转圈是李氏杆菌病，躺卧跛行可能是骨折等。健康兔双眼瞪圆，明亮有神，眼球活泼，眼睑红润，眼角干净无眼屎。如眼睛半闭半睁，呆滞无神，反应迟钝，或眼睑干燥，多为急性传染病。如眼睑流泪，有脓性分泌物，可能是结膜炎和慢性巴氏杆菌病。

（三）食欲

健康肉兔食欲旺盛，采食速度快，对经常吃的食物嗅后立即采食。如肉兔不接近食物、只喝水不吃料、只采食青饲料、采食速度慢、拒食等是疾病最早的症候，应注意观察。

（四）粪尿

1. 健康兔的粪便呈褐色，表面光滑，较硬的粒状，当喂青草时有些变软。在夜间或白天休息时排的黄豆粒大的较软的粪，也是正常的，但多数被家兔吃掉，以再吸收其中的养分。当家兔肛门附近有稀粪沾附，排出的粪呈粥状、水样，并有腥臭味，可能是痢疾、魏氏梭菌病等；粪稀而带血，多是急性肠胃炎或球虫病；粪被白色黏膜或果冻样包裹，可能是大肠杆菌病；粪小而干多是便秘，因胃内积毛、体温升高、吃料减少而引起。

2. 注意检查尿的颜色、量、沉淀物的多少。健康家兔的尿液较混浊（有碳酸钙沉淀）、淡黄色。一般每天可排尿200mL左右。若尿少而稠、颜色深，或尿多而清淡均不正常，说明水代谢出现问题；若尿中带血，则多因肾脏、膀胱、尿生殖道发炎而引起；尿黄褐色则说明肝脏有病；当尿液浓稠有脓样物排出时，则多因尿生殖道有炎症，脓汁随尿排出所致。但应注意区别因服某些药物或饲料变化，也可引起兔尿液颜色及尿量等变化，一旦停止用药，尿液颜色将恢复正常。

（五）呼吸

健康肉兔呼吸频率为每分钟50～60次，且平稳，但肉兔的呼吸频率常随年龄、气候、运动等外在环境的不同而有差异。一般幼兔比成兔呼吸次数多，夏季比冬季呼吸次数多，追逐运动也会使呼吸次数增多。在正常情况下，呼吸急促伴有声音则表示有病；如呼吸有鼾声、打喷嚏，鼻漏、鼻孔周围被毛潮湿，并有黏液分泌物，则可能是巴氏杆菌病、波氏杆菌病；鼻孔流出血样红色泡沫则是兔瘟；呼吸急促多为热性传染病，应注意鉴别。

（六）心跳

肉兔正常心跳频率为每分钟80～90次，仔兔、幼兔心跳

频率较快，成年兔较慢。测定时可用听诊器在左胸腋下听诊。得隐性传染病时，其心跳频率加快，肉兔患慢性病时，其心跳频率减少。

（七）体温

在正常情况下，兔正常体温为38～40℃，体温过低或者偏高都为病态。体温升高多为急传染病。如急性巴氏杆菌、兔瘟、野兔热、李氏杆菌病等。

此外，健康检查前，要询问饲养员的肉兔近期的饲养管理情况，有无换料、饲料有无发霉、饲料配方、饲料中添加的药物、饲喂方法、有无青绿饲料等。了解当地正在流行何种疾病发生，死亡情况如何，用药情况及效果。询问本场以往同季节发病情况及用药情况。对新引进的种兔，要问清楚引种场的疫病情况。询问了解当地气温、湿度以及天气变化情况等，进行综合判断

二、常用药物及用药方法

（一）常用药物

1. 抗生素类：

（1）青霉素：青霉素是一种高效、低毒、临床应用广泛的重要抗生素。白色结晶性粉末。对兔葡萄球菌、结核杆菌、兔螺旋体等病原微生物引起的肺炎、结核、膀胱炎、皮下脓肿、乳房炎等有效。不宜与四环素、卡那霉素、庆大霉素、土霉素、维生素C、碳酸氢钠、阿托品等混合使用，遇湿失效，不宜放置冰箱中。口服大部分被胃酸破坏，故不宜内服。用量：成年

兔每千克体重5万~10万IU，肌内注射，每天2次，连用3~5d，疗效显著。具有类似疗效的抗菌素还有红霉素、洁霉素、多粘菌素、泰乐菌素、新生霉素等。当某一抗菌素防治效果不理想或产生了耐药性时，可改用其中另一抗菌素。

（2）链霉素：是一种氨基葡萄糖型抗生素，为白色或类白色粉末。用于家兔传染性鼻炎、肠道感染等和主要由革兰氏阴性细菌引起的其他传染病。用量：成年兔每千克体重10万~20万IU，肌内注射，每天2次，连用3~5d。幼兔用量减半。

（3）卡拉霉素：是广谱抗菌素，对革兰阳性，阴性细菌都有抑菌作用。为白色或类白色粉末。用于兔呼吸道、肠道、尿道感染，如肺炎、下痢、乳房炎、皮下脓肿、子宫炎等。用量：肌内注射，10~20mg/kg体重，每日2次，连用3~5d。如药液出现发黄结块现象，则不能使用。

（4）硫酸庆大霉素：为氨基糖甙类广谱抗生素，对多种革兰阴性菌及阳性菌都具有抑菌和杀菌作用。为白色或类白色粉末，别名硫酸正泰霉素。对大肠杆菌、沙门氏菌、葡萄球菌等有效。用量：成年兔每只1万~2万IU，肌内注射，每天1~2次，连用3~5d，幼兔用量酌减。

注意事项：肉兔是草食性小型动物，靠肠道内各种微生物将纤维素分解利用，当给兔饲喂抗生素后，肠道内的大量微生物被抑制或杀灭，从而影响营养物质消化吸收；兔场长期使用抗生素，致病菌有可能产生耐药性，一旦发病，治疗相当困难。

2. 磺胺类：磺胺类药物具有抗菌谱广（只抑制无杀菌作

用)、性质稳定、使用简便、价格低廉等特点，主要用于兔球虫病、胃肠炎、呼吸道疾病（鼻炎、肺炎)、乳房炎、传染性口炎、尿道感染等的防治。常用的有磺胺嘧啶（SD)、磺胺二甲嘧啶（SM_2)、新诺明、磺胺二甲基嘧啶（又名磺胺异恶唑，SMZ）等。用量：一般以口服为好，0.1～0.2g/kg 体重，2 次/日，连用 3～5d。使用这类药物的注意事项如下。

（1）磺胺类药物需避光保存，非复方磺胺使用时应与抗菌增效剂，按 5：1 的比例配合交叉使用，不宜同时配搭使用，用磺胺药时，多给兔饮水，若出现磺胺药过敏（中毒）现象，应立即停药，并在饮水中加入 1% 碳酸钠或 5% 葡萄糖溶液，同时加喂维生素 B_1 或维生素 E。

（2）磺胺类药只有抑菌作用，没有杀菌作用，因此，在治疗期间必须加强饲养管理，以提高兔体的防御机能。对磺胺药敏感的细菌，无论在体外或体内均能获得耐药性，所以，每次用药量要足，疗程也要适当。

3. 喹诺酮类：喹诺酮类药物对革兰氏阳性菌、革兰氏阴性菌具有高度抗菌活性，包括金黄色葡萄球菌、链球菌、肺炎球菌、大肠杆菌、沙门氏菌等，还对部分支原体、衣原体、螺旋体也有极强的抑制作用，但对真菌、病毒和原虫无效。

（1）氟哌酸：类白色粉末，几乎不溶于水，耐药速率慢，毒性低，吸收、排泄快。对兔大肠杆菌病有显著疗效。用量：内服，10mg/kg 体重，按 50g/1 000kg拌料饲喂。

（2）恩诺沙星：按 20g/1 000kg 拌料饲喂，饮水用量减半。

4. 抗球虫药：兔球虫病是由艾美耳属的多种球虫寄生于

兔的小肠或胆管上皮细胞内引起的，球虫病是肉兔最常见且危害严重的寄生虫病，防治肉兔球虫的主要用药有以下4种。

（1）地克珠利：拌料混饲每吨2～5mg。

（2）球痢灵：又叫硝苯酰胺，预防量为每千克饲料125mg，治疗量加倍。

（3）氯苯胍：每千克饲料用150mg拌匀让兔自由采食，治疗量加倍。

（4）盐霉素：如用于预防兔球虫病，每千克饲料中添加盐霉素25mg，如治疗则加50mg。连喂1周。

此外，磺胺喹恶啉、乙胺二甲氧嘧啶、复方新诺明、莫能霉素等药物对防治球虫具有一定的疗效。但含有马杜霉素的各种剂型的药，不能用于兔，否则会发生中毒死亡。

5. 其他常用药物：肉兔场应储备一些常用药物，一旦发现疫情，可及时用药，以免拖延病情，给兔场造成更大损失。

（1）依维菌素（或阿维菌素）：又叫阿福丁、克虫星、灭虫丁等，是对兔螨病有很好的防治效果的一种新药，并对体内线虫和体外虱、蜱等寄生虫有效。每千克体重用0.3g口服，或0.2mL/kg体重皮下注射，每1～2个月用药一次。

（2）酵母：内含B族维生素，可治疗因维生素B缺乏引起的消化不良和神经症状。每只兔每次1～2mL。

（3）大黄苏打片：可治消化不良，主要用于兔的消化紊乱，兔粪变软，每兔口服1～2片；兔粪变小，变硬口服3～4片。

（4）人工盐：助消化，可治消化不良。每只兔每次1～2g口服。

（5）乳酶生：可治疗消化不良，每兔内服2～3片。

（6）次碳酸钙片：治疗一般性腹泻，每兔口服2～4片。

（7）石蜡油：治疗便秘、腹胀。每兔内服10～15mL。

（二）用药方法

药物的使用方法主要有口服、药物注射、药物外用3种方法。

1. 药物口服：药物口服可分为饮水、拌料、口服和灌服等方法。在实际生产中应根据肉兔的患病情况灵活运用。

（1）饮水：将易溶于水的药物，按一定的比例加在水中，给兔自由饮用。用药前几小时适当停水效果更佳。对不溶于水的药物，可单个逐一用注射器灌服。

（2）拌料：粉剂药物可用于拌料，先将药物用少量粉末饲料拌匀，逐渐加大饲料量拌和，最后扩大到所有应拌的料中拌匀后饲喂，或将药物拌入粉料制成颗粒饲料后饲喂，也可先将药物用水溶解后直接喷雾到饲料表面。对于溶解性不好的药物也可加水搅匀后，逐渐加大饲料量拌和。

（3）片剂、粉剂口服：投喂时由助手保定病兔，操作者一手固定兔的头部并捏住兔口角使口张开，用镊子、筷子或止血钳夹取药片，送入会咽部，使兔吞下。或把药片碾细加少量水调匀，用汤勺柄取适量药物插入口角，将药物放入口中，或用注射器、滴管等吸取药液从口角徐徐灌入。但必须注意，不要误灌入气管内，避免造成异物性肺炎。

（4）水剂、油剂灌服：用带有金属细管头的吸管吸取药液，从兔的口角插入，将液体挤入口中。

2. 药物注射：常用的注射方法有：肌内注射、皮下注射、静脉注射、腹腔注射等。注射前应对注射部位进行消毒，注射器、针头也应消毒。给病兔注射应每注射一只兔更换一个针头。

(1) 肌内注射：肌内注射应选择颈侧或大腿外侧肌肉丰厚、无大血管和神经的部位注射。剪毛消毒后垂直、迅速地将针头刺入肌肉，如果有回血，证明针头刺入血管，应拔出针头，更换部位，消毒后重新注射，无回血时，再将药物注入。一次药量不能超过10mL，若药量多应更换注射部位，多点注射。水剂、油剂、混悬剂可肌注，刺激性较大的药物，应注于肌肉深部。

(2) 皮下注射：皮下注射一般选择在耳根后面、腹下中线两侧或腹股沟附近等皮肤松弛、容易移动的部位注射，先剪毛，再用酒精或碘酊消毒，然后，用左手将皮肤提起，右手将针头刺入被抓皮肤的三角形基部，大约皮下0.8cm左右，将药物注入。注意针头不能垂直刺入，以防进入腹腔。拔出针头后要对注射部位重新消毒。

油类药物及刺激性大的药物不宜皮下注射。疫苗接种多由皮下注射。

(3) 静脉注射：静脉注射需要将针头插入静脉，因此，需由助手保定兔、固定头部，左手拇指与无名指及小指相对，捏住耳尖部，以食指和中指夹住压追静脉向心侧，使耳外缘静脉充血怒张。若静脉不明显时，可用手指弹击耳壳数下或用酒精棉球反复涂擦刺激静脉处皮肤，针头以25度角刺入血管，使针头与血管平行向血管内送入适当深度，回抽见血，推药无阻力为进针正确，缓慢注入药物。注射完毕拔出针头，以酒精棉球压迫片刻，防止出血。静脉注射多种液体，注射

时应先从耳尖开始，以免影响以后刺针。注入前要排净注射器内空气，以免引起血管栓塞，造成死亡。注射钙剂时，要缓慢注入。

油类药物不能静注，药量多时要加温。

(4) 腹腔注射：在脐后腹部，偏腹中线左侧3mm处。将兔后躯抬高，头朝下，两后肢提起，注射器对着脊柱方向刺针，刺入腹腔后回抽活塞，如无液体、肠内容物及血液后注药。药液应加热与体温相近。此法可用于补液。腹腔注射刺针不宜过深，以免损伤内脏。当兔胃和膀胱空虚时，进行腹腔注射比较适宜。

(5) 局部注射：局部注射多用于局部感染，如乳房炎等。在局部感染的四周多点注射，将药物集中注射在局部，可快速地控制病情发展。

3. 药物外用：具有外伤、体表寄生虫病、皮炎、皮癣的病兔，需要从外部施药。对这种病兔要单笼饲养，以防止其他兔误食药物中毒。洗涤法：将药物制成适宜浓度的溶液，清洗病兔局部皮肤或鼻、眼、口及创伤部位等。涂抹法：将药物制成软膏或适宜剂型，涂于病兔皮肤或黏膜的表面。浸泡法：将药物制成适宜浓度的溶液，浸泡病兔患部。

三、常用疫苗及使用方法

肉兔场应重视肉兔的免疫，加强预防工作，定期进行预防接种。兔场应根据不同类型或用途的兔制定相应的免疫程序，按期进行疫苗注射。

(一) 兔病毒性出血症灭活疫苗

用于预防兔瘟，目前多为组织灭活苗，包括氢氧化铝甲醛苗和蜂胶灭活苗两种。氢氧化铝甲醛苗在仔兔28～40日龄初免1mL（联苗2mL），20～30d后可加强一次，以后对种兔每季度接种一次。蜂胶灭活苗在仔兔28～40日龄初免1mL，20～30d后可加强一次；60～70日龄加强免疫1mL（联苗2mL），以后对种兔每季度接种一次。该苗在2～8℃阴凉处保存一年，皮下注射，如疫苗出现明显分层，则不能再用。

(二) 兔巴氏杆菌灭活苗

兔巴氏杆菌灭活苗用于预防魏氏梭菌肠炎。对1月龄以上的兔，皮下注射1mL，7d产生免疫力，免疫期为4～6个月。种兔每年接种2次。

(三) 兔魏氏梭菌灭活苗

兔魏氏梭菌灭活苗用于预防兔巴氏杆菌病，对1月龄以上的断奶兔皮下注射1mL，7d产生免疫力，免疫期为6个月。种兔每年接种2次。

(四) 兔大肠杆菌灭活苗

兔大肠杆菌灭活苗用于预防肉兔大肠杆菌病，对20～30日龄的仔兔，肌内注射1mL，7d产生免疫力，免疫期为4个月。种兔每季度接种1次。

(五) 兔葡萄球菌病灭活疫苗

兔葡萄球菌病灭活疫苗主要用于预防本病菌引起的母兔乳房炎、仔兔黄尿病、脚皮炎等。母兔于配种前后皮下注射

2mL，每 6 个月一次。

（六）联苗

分为二联苗和三联苗，兔瘟—巴氏杆菌病二联灭活疫苗，皮下注射 1 ~ 2mL，免疫期为 6 个月。兔巴氏杆菌—波氏杆菌病二联苗，皮下注射 2mL，免疫期为 6 个月。兔瘟—巴—魏三联灭活苗，皮下注射 2mL，免疫期为 6 个月。

四、接种疫苗注意事项

肉兔免疫接种是肉兔家庭养殖场的一项重要工作，应注意以下事项。

1. 接种疫苗并不等于不发生此病：注射疫苗只是预防疾病，也可能免疫失败或漏免，免疫后也有可能暴发相应的疾病，所以日常饲养管理仍是防病的关键。

2. 严格按照疫苗使用规范操作：疫苗属于生物药品，其保存、使用应严格按说明书进行；接种时的用具及注射部分应严格消毒，做到一只兔换一颗针头；生物药品不用混合使用，更不能使用过期疫苗；装过生物药品的空瓶或当天未用完的生物药品，在用高浓度漂白粉溶液冲洗后，再焚烧或深埋处理。

3. 加强接种后的观察工作：免疫接种后 2 ~ 3 周内要注意观察接种兔，如果接种部位出现局部肿胀、体温升高症状，一般可不作处理；如果反应持续时间过长，全身症状明显，应及时诊治。

4. 建立兔场免疫接种档案：每接种一次疫苗，都应将其接种日期、疫苗种类、生物药品批号等详细登记。

五、消毒及消毒方法

加强消毒可显著降低兔病的发生率，因为消毒能杀灭环境中的病原体，杜绝一切传染来源，阻止疫病继续蔓延，是综合性预防措施中的重要一环。应该树立正确的消毒观念：消毒胜过投药，消毒可以减少投药，投药不能代替消毒。选用优质的消毒剂做好彻底消毒工作十分重要。兔场必须制定严格的消毒规章制度，并严格执行。消毒药物应轮换使用，以免病菌形成耐药性。

（一）物理消毒

1. 机械性消毒：机械性消毒是最普通常用的方法，即用机械性的方法如清扫、洗刷、通风等清除病原体，主要是经常清扫粪便、杂物、洗刷兔笼、底板和用具。

2. 煮沸消毒：一般生物经煮沸 30min 后，均可被杀死，适用于医疗器械及工作服等的消毒，在水中加入少量的碱，如用 1% ~2% 的小苏打、0.5% 的肥皂或氢氧化钠等，可使蛋白、脂肪溶解，防止金属生锈，提高沸点，增加杀菌作用。主要用于产仔箱内的布条、接产用的工具或注射用具等消毒。

3. 火焰消毒：火焰消毒就是用火焰喷灯喷出的火焰来消毒，通常喷灯的火焰温度达到 400 ~800℃，可用于消毒兔笼、笼底板、产仔箱等，消毒效果好，但要注意防火。在条件差的兔场可用农作物秸秆、竹片等点燃后进行火焰消毒。

4. 阳光、紫外线、干燥消毒：日光中的紫外线具有良好的杀菌能力，阳光的灼热和蒸发水分引起的干燥亦有杀菌作

用。肉兔的巢箱、垫草、饲草等在直射阳光下照射2～3h，可杀死大多数病原微生物。

(二) 化学消毒

化学消毒就是使用化学药品的溶液来进行消毒。化学消毒的效果决定于许多因素，如病原体抵抗力的强弱、所处环境的情况和性质、消毒时的温度、药剂的深度、时间的长短，选择化学消毒剂时，应选择对该病原的消毒力强，对人、畜的毒性小，不损害被消毒的物体，易溶于水，在消毒环境中比较稳定，不易失去作用，又价廉易得和使用方便的消毒药。

1. 消毒方法：

(1) 熏蒸消毒：将消毒药物加热或用化学方法，使药物产生气体，扩散至各处，密闭一定时间后通风。如用福尔马林、过氧乙酸等熏蒸，用福尔马林熏蒸时，按每立方米空间12mL福尔马林，6g高锰酸钾的比例配齐。将福尔马林放入金属容器中，面积较大时，多点分放，密闭所有门窗，由里向外逐个加入高锰酸钾，迅速离开，关闭门窗，密闭24h后通风换气，至无福尔马林气味后方可进兔。

(2) 喷雾消毒：将消毒药物按规定配成一定比例，用喷雾器喷雾消毒；主要用于空间、兔笼、墙壁及兔体的消毒。

(3) 浸泡消毒：将消毒药品按比例配成消毒药液，将需消毒的笼底板等放入消毒液中，浸泡一定时间后取出，再用清水洗净后、晾干。

(4) 饮水消毒：将消毒药物按规定比例加入水中，供肉兔饮用。

2. 消毒药品：

（1）氢氧化钠（又称苛性钠、火碱或烧碱）：主要用于场地、笼舍、接产所用设备等的消毒。2% ~4%溶液可杀死病毒和繁殖型细菌，30%溶液 10min 可杀死芽孢，4%溶液 45min 杀死芽孢，如加入 10%食盐能增强杀芽孢能力。如消毒用具，1 ~2h 后，用清水冲洗干净即可。

（2）石灰（生石灰）：加水即成氢氧化钙，俗名熟石灰或消石灰，消毒作用不强。1%石灰水杀死一般的繁殖型细菌要数小时，对芽孢和结核菌无效。其最大的特点是价廉易得。在兔场可用 20 份石灰加水到 100 份制成石灰乳，用于涂刷墙体、笼舍、地面、粪沟、雨水沟等，或直接将石灰撒在地面、阴湿地面、粪沟、雨水沟、粪池周围等处消毒。

（3）漂白粉：杀菌作用快而强，价廉而有效，广泛应用于笼舍、地面、粪沟、雨水沟、车辆、饮水等消毒。饮水消毒可在 1 000kg河水或井水中加 6 ~10g 漂白粉，10 ~30min 后即可饮用；地面和路面可撒干粉再洒水；粪便和污水可按 1∶5的用量，一边搅拌，一边加入漂白粉。

（4）福尔马林：含 37% ~40%的甲醛水溶液，有广谱杀菌作用，对细菌、真菌、病毒和芽孢等均有效，在有机物存在的情况下也是一种良好的消毒剂，缺点是有刺激性气味。以 2% ~5%水溶液用于喷洒笼壁、地面、食槽及用具消毒；对封闭式兔舍熏蒸按每立方米空间用福尔马林 30mL，置于一个较大容器内（至少 10 倍于药品体积），加高锰酸钾 15g，事前关好所有门窗，密闭熏蒸 12 ~24h，再打开门窗去味。熏蒸时室温最好不低于 15℃，相对湿度在 70%左右。

(5) 过氧乙酸：是强氧化剂，有广谱杀菌作用，作用快而强，能杀死细菌、霉菌芽孢及病毒，不稳定，宜现配现用。0.04% ~0.2%溶液用于耐腐蚀小件物品的浸泡消毒，时间2~120min；0.05% ~0.5%或以上喷雾，喷雾时消毒人员应戴防护目镜、手套和口罩，喷后密闭门窗1~2h；用3% ~5%溶液加热熏蒸，每立方米空间2~5mL，熏蒸后密闭门窗1~2h。

(6) 百毒杀：是一种季胺类消毒药。对细菌和病毒都有较好的杀灭作用。3 000倍稀释可对兔舍、兔笼、食槽和工具进行消毒。

(7) 草木灰：其中，有效成分是碳酸钾。配成20% ~30%的溶液，其消毒效果与氢氧化钠相似。

(8) 二氧化氯：其商品主要为二氧化氯泡腾片。具有杀菌广谱、速效、无毒副产物、无残留，用量少，药效长等特点。是国际上公认的含氯消毒剂中唯一的高效消毒灭菌剂，它可以杀灭一切微生物，包括细菌繁殖体，细菌芽孢，真菌，分枝杆菌和病毒等。兔场主要用于饮水消毒，使用时按说明将二氧化氯泡腾片放入水中静置30min即可饮用。

此外，还有来苏尔、新洁尔灭、高锰酸钾、消毒王和除菌净等消毒药物。

(三) 生物热消毒

生物热消毒主要用于污染粪便的无害处理。兔场应该将兔粪和污物集中堆放在离兔舍较远的偏僻处，使粪便堆沤后利用粪便中的微生物发酵产热，可使粪堆的温度达70℃以上。经过一段时间后，高温发酵可以杀死病毒、病菌、球虫卵囊

等病原体而达到消毒目的。

第三节　肉兔常见疾病及防治

一、病毒性出血症（兔瘟）

兔瘟是由病毒引起的一种急性、热性、败血性和毁灭性的传染病。主要危害青、壮年兔，死亡率可达百分之百。哺乳仔兔不易感染，45～60日龄被感染的可能性较高。本病一年四季均可发生，冬春季节发病较多。病兔、死兔是主要传染源。

（一）临床症状

本病是兔的一种烈性传染病，依病情分为最急性、急性和慢性三种类型，但最急性、急性多发生于青年兔和成年兔。

1. 最急性：健康兔感染病毒后10～20h突然死亡，死亡前不表现任何病状，只是在笼内乱跳几下，即刻倒地抽搐、鸣叫而亡。有的鼻孔出血，肛门附近带有胶冻样分泌物。此类型多发生在流行初期。

2. 急性：健康兔感染病毒后24～40h，体温升高至41℃左右，精神沉郁，不愿走动，想喝水。临死前体温下降，瘫软，四肢不断划动，抽搐、尖叫。肛门松弛，肛门周围兔毛被少量黄色黏液沾染，粪球外有淡黄色胶样分泌物。有的死兔鼻腔流出泡沫样血液，死后角弓反张。此类型多发生在流行中期。

3. 慢性：病兔精神沉郁，食欲减退或废绝，消瘦。有的

病兔站立不稳，甚至瘫痪。有的病兔可以耐过，但生长缓慢。有的病兔拖延 5 ~6d 后死亡。此类多发生在流行后期或疫区。

（二）解剖特点

病死兔解剖后各器官出血、淤血、水肿，实质器官变性和坏死。鼻腔、喉头和气管黏膜高度充血及点状出血，鼻腔和气管内充满血样泡沫和液体；肺脏水肿，有明显的大小不等的出血点，切面紫色，气管环状出血；肝脏肿大，呈土黄色或褐色，有出血点；肾脏明显肿大，淤血，呈红褐色，表面或切面有出血点；脾脏肿大、淤血呈黑紫色；膀胱积尿。

（三）诊断要点

1. 通常表现为群发、死亡率高。

2. 青壮年兔突然群发性口鼻出血、尖叫、惊厥死亡。

3. 死兔通常口咬饲料、青草、兔笼或牙齿紧紧咬合。

4. 死前伴有短时间兴奋。

5. 死前抗菌素治疗无效，体温出现不规则热型。

6. 注射兔病毒性出血症（兔瘟）疫苗出了问题，主要原因有：

（1）未按时注射；

（2）过了免疫保护期；

（3）注射疫苗方法不当，导致免疫失败；

（4）疫苗质量有问题；

（5）免疫时间还未到 1 星期；

（6）新引进肉兔，引种后未及时免疫。

●（四）鉴别诊断●

兔病毒性出血症（兔瘟）与巴氏杆菌和魏氏梭菌病的区别。

1. 兔巴氏杆菌病无明显年龄界限，多呈散发，急性病兔无神经症状，肝无明显肿大，但表面上有散点灰白色坏死灶，脾肿大不显著，肾不肿大。巴氏杆菌病可表现为败血症、鼻炎、肺炎、中耳炎等，用抗生素和磺胺类药物治疗有效。

2. 兔魏氏梭菌病以急性腹泻和盲肠浆膜有鲜红色出血斑为特征，并且解剖后腥臭味明显，胃肠有溃疡或黏膜脱落。

●（五）防治措施●

1. 预防：

（1）严禁从疫区购入种兔。本病流行期间严禁人员往来。

（2）搞好环境卫生是控制疾病发生有效措施，深埋病兔，定期进行兔舍、兔笼及食槽等用具消毒。

（3）定期用本病疫苗进行预防注射，断奶前后第一接种，20～30d 后第二次接种，以后每 4 个月接种 1 次。

2. 治疗：

（1）为防止本病的扩散，死兔深埋或烧毁，隔离带毒的病兔，排泄物及一切饲养用具均需彻底消毒。

（2）紧急预防。对未表现临床症状的病兔紧急预防，主要有两种方法。被动免疫：使用抗兔瘟高免血清，每兔皮下注射 4mL，可迅速控制病情。7d 后需再用疫苗进行注射；主动免疫：每兔皮下或肌内注射 2～3 倍量的兔瘟疫苗。注射后 4～5d 病情可得到控制。

二、A型魏氏梭菌病

本病是由A型魏氏梭菌引起的一种死亡率极高的兔急性胃肠道疾病。病兔出现下痢后在当天或次日即死亡，极少数可拖至一周。不同年龄（除未开料的仔兔）、品种、性别的家兔对本病均易感染，一般1~3月龄幼兔发病率最高。一年四季均可发生，冬春两季发病率最高。长途运输、饲养管理不当、饲料突然更换、气候骤变等应激因素均可促使本病的暴发。

（一）临床症状

本病的显著症状为急剧下痢，临死前水泻，粪便带血或呈黑色胶冻状，有腥臭味。病兔精神沉郁，两耳发凉，四肢无力，严重脱水、消瘦。

（二）解剖特点

打开腹腔，即可闻到一股特殊的腥臭味。胃多胀满，胃底部有大小不一的溃疡或黏膜脱落。小肠充满胶冻样液体，并混有气体。盲肠、结肠内有气体及黑色水样粪便，盲肠浆膜，黏膜上有鲜红色的出血斑纹。膀胱积有茶色尿液，肝质地变脆，脾呈深褐色，肾与淋巴结无明显变化。

（三）诊断要点

1. 急性下痢，粪便带血或呈黑色胶冻状，有腥臭味。

2. 解剖时，打开腹腔腥臭味明显。

3. 胃溃疡或黏膜脱落。

4. 小肠充满胶冻样液体，并混有气体。

5. 盲肠、结肠内有气体及黑色水样粪便。

（四）鉴别诊断

本病在诊断时应与球虫病、沙门氏菌病、大肠杆菌病和兔瘟区分。

1. 球虫病：多发于断奶前后仔兔，成年兔不出现死亡。病兔表现出营养不良，剖检肠黏膜或肝表面有淡黄白色结节。

2. 沙门氏菌病：急性病例以败血症、下痢和流产为特征，断奶仔兔和青年兔多发。母兔子宫发炎，胎儿发育不良或流产。

3. 大肠杆菌：胃肠道充满液体和气体，有多量胶冻样物，但腥臭味和粪便颜色变黑不明显。

4. 兔病毒性出血症：各种兔均易感染，死亡率高，通常全群暴发。以呼吸系统出血、实质器官淤血肿大和点状出血为特征。

（五）防治措施

饲养管理：

1. 平时应加强饲养管理，搞好环境卫生，饲料中应含有足够的粗纤维成分，少喂高蛋白质饲料，减少应激因素的发生。

2. 严禁引进病兔：发生疫情后，立即隔离或淘汰病兔。兔笼、兔舍用5%的烧碱水消毒，病兔分泌物、排泄物等一律焚烧深埋。

3. 用家兔A型魏氏梭菌氢氧化铝灭活菌苗进行预防注

射，每年两次。断奶仔兔应及时预防注射。

药物治疗：初发病兔每兔皮下或静脉注射抗A型魏氏梭菌高兔血清4～6mL，辅以20～40mL5%葡萄糖盐水和补液，每天2～3次。同时口服青霉素40万IU，每天2～3次。也可用土霉素等。

三、兔巴氏杆菌病

巴氏杆菌病是家兔常见的一种危害性较大的呼吸道传染病。本病一年四季均可发生，以春、秋季节多发，呈散发或地方性流行。由于很多家兔鼻腔黏膜带有巴氏杆菌而不表现临床症状。当气温突然变化、忽高忽低，兔舍空气污浊、潮湿、通风不良，兔群拥挤、长途运输，饲料质量差、饲养管理不当和其他疾病或各种应激，均可导致肉兔的抗病力下降，此时，存在于上呼吸道的巴氏杆菌迅速大量繁殖、毒力增强而引起本病的发生。巴氏杆菌病各种年龄的兔均可感染，但以幼龄或体质虚弱的兔更容易感染。本病传播快，常造成整群发病，暴发时可全群覆灭。

（一）临床症状

潜伏期一般数小时至5天或更长。在临床常见有以下几种类型。

1. 出血性败血症型：病兔常未见症状就迅速死亡，死前体温高达41℃，拒食，呼吸急促，鼻腔有分泌物。喉、气管、肺、心、肠、脾、膀胱等均有出血点和充血。肝肿大、变性，有坏死点，脾和淋巴结肿大或出血，肠黏膜充血，胸膜腔及

心包积液。病程数小时至 3 天，最急性的常无明显症状而突然死亡。

2. 传染性鼻炎型：病兔表现为上呼吸道卡他性炎症。鼻腔流出浆液性、黏液性或脓性分泌物，呼吸困难，打喷嚏、咳嗽，鼻液在鼻孔处结痂，堵塞鼻孔，使呼吸更加困难，并出现呼噜声。由于患兔经常以爪挠抓鼻部，可将病菌带入眼内、皮下等，诱发其他病症。病程一般数日至数月不等，治疗不及时多衰竭死亡。

3. 肺炎型：常由传染性鼻炎继发而来。由于肉兔的运动量很小，自然发病时很少看出肺炎症状，直到后期严重时才表现为呼吸困难。患兔食欲不振、体温升高、精神沉郁，有时会出现腹泻或关节肿胀症状，最后多因肺严重出血、坏死或败血而死。

4. 中耳炎型：又称斜颈病（歪头症），是病菌扩散到内耳和脑部的结果。其颈部歪斜的程度不一样，发病的年龄也不一致。有的刚断奶的小兔就出现头颈歪斜，但多数为成年兔。严重的患兔，向着头倾斜的一方翻滚，一直到被物体阻挡为止。由于两眼不能正视，患兔饮食极度困难，因而逐渐消瘦。病程长短不一，最终因衰竭而死。

5. 结膜炎型：临床表现为流泪，结膜充血、红肿，眼内有分泌物，常将眼睑粘住。

6. 脓肿、子宫炎及睾丸炎型：脓肿可以发生在身体各处。皮下脓肿开始时，皮肤红肿、硬结，后来变为波动的脓肿。子宫发炎时，母兔阴道有脓性分泌物。公兔睾丸炎可表现一侧或两侧睾丸肿大，有时触摸感到发热。

（二）解剖特点

急性败血症可见心、肝、脾等充血、出血，喉头气管肠黏膜出血；地方性肺炎可见胸腔积液、有纤维性渗出物，有时胸腔有脓液。

（三）诊断要点

1. 脓性鼻炎是巴氏杆菌病的特征症状。

2. 本病发生前一般有明显的环境应激因素存在。

3. 群发兔症状轻重不一，抗菌素治疗有效。

4. 大部分病兔病程长，一般为鼻炎（咳嗽、鼻涕）—结膜炎（眼屎）—中耳炎（鼓室腔白色、奶油状的渗出物，偏颈、歪头等）。

（四）防治措施

1. 饲养管理：

（1）搞好兔场清洁卫生、保持通风干燥，做好防疫措施，增强肌体抵抗力，消除应激因素。

（2）经常检查兔群，发现病兔尽快隔离治疗，严格淘汰病兔。兔舍、兔笼及场地最好用20%石灰乳或3%来苏尔消毒，用具用2%火碱水洗刷消毒。

2. 药物治疗：

（1）用抗生素治疗效果显著，可用庆大霉素肌内注射，每兔0.5～1mL，每日2次，连用3日。

（2）淘汰症状明显的病兔，对无症状健康兔注射菌苗进行预防，以增强兔体免疫力。

四、兔传染性鼻炎

传染性鼻炎为巴氏杆菌、波氏杆菌或两者协同感染所致，是呼吸道传染病的一种典型病例。该病主要通过空气传播，经呼吸道感染散发或地区流行。本病在一年四季均可发生，在不合理的兔舍建筑、春冬季节气候突变、环境潮湿、氨气过浓、通风不好、兔笼拥挤、更会加重该病的感染几率和程度，兔一旦感染该病，很难治愈。

（一）临床症状

该病以病兔鼻腔中排出浆液性、黏液性或黏液脓性分泌物为特征。病初，流清水样鼻涕，以后变黏稠，重者出现脓性分泌物，甚至一侧或两侧鼻孔内结痂，常形成鼻漏，病兔经常打喷嚏或咳嗽，由于分泌物刺激黏膜，发生瘙痒，兔子常用爪抓鼻孔，以致鼻孔周围的毛潮湿或脱落，或扭结成团，上唇、鼻孔及附近皮肤发炎肿胀，还可诱发结膜炎、中耳炎和乳腺炎，有时浓稠的分泌物堵塞鼻孔，病兔呼吸困难，发出鼾声。鼻炎的病程长短不一，长的终年不好转，或转为肺炎、肺脓肿而死，轻症的鼻炎兔吃食正常，但可感染其他健康兔。

（二）解剖特点

病兔鼻腔黏膜充血，鼻窦和副鼻窦黏膜红肿，鼻腔内充满白色浆液脓性分泌物，轻度至中度黏膜红肿增厚，肺部有大小及数量不等的脓疱，多者可占肺体积的90%，极个别脓疱内积满黏稠、乳油样的乳白色脓液。

（三）防治措施

1. 饲养管理：

（1）合理建筑兔舍，保证舍内光线充足，清洁卫生，通风良好。并加强饲养管理，不从有鼻炎的兔场引种。

（2）用兔瘟—巴氏杆菌二联苗、巴氏杆菌—波氏杆菌二联苗或巴氏杆菌—波氏杆菌—葡萄球菌三联苗免疫注射，可减少肺炎等急性死亡的发病率。

2. 药物治疗：

（1）对患有较轻鼻炎的家兔，可用鼻炎净饮水治疗。将病兔隔离，远离兔舍。用鼻炎净每毫升加水 1kg，作为兔的饮水或拌料，连用 5 ~ 7d，病情好转，再用一周，症状可消失。

（2）青霉素 40 万 IU 配合链霉素 20 万 ~ 30 万 IU、地塞米松 2mg、病毒唑 2mL、柴胡 2mL 混合肌内注射，1 ~ 2 次/天，连用 2 ~ 3d，同时滴鼻。或者，磺胺甲氧嘧啶钠 1mL 配合黄芪多糖 1mL（小兔减半）肌内注射，同时滴鼻，每天一次，两种药须分开注射。对鼻炎严重的兔应坚决淘汰。

五、大肠杆菌病

兔大肠杆菌病主要引起家兔拉稀或便秘，粪便中常有胶冻样黏液，稍带腥臭味。还可引起败血症。多引起断奶后仔兔、青年兔腹泻，成年兔的便秘。兔大肠杆菌病一般多发在 1 ~ 4 月龄的仔兔，特别是第一胎的仔兔最容易发生，死亡率非常高。本病一年四季均可发生，尤以冬、春季较多发。由于饲养密度过大、通风不良、兔舍潮湿、卫生条件恶劣、饲料的突然改变等因素引起兔体机能紊乱、抵抗力下降、肠道菌群失调，导致致病性大肠杆菌大量繁殖产生毒素而致病。

(一) 临床症状

病兔初期表现精神沉郁，食欲不振，呼吸困难，流鼻涕，腹部膨胀，粪便细小、成串，外包有透明、胶冻状黏液，随后出现水样腹泻，粪便污浊呈灰褐色或灰黄色，且腥臭。肛门周围、尾部、后肢和腹部被毛粘有水样粪便。病兔四肢发冷，磨牙流涎，眼窝下陷，迅速消瘦，卧伏不动，不时从肛门中流出稀便。急性病例通常在 1～2d 内死亡，少数可拖至一周，一般很少自然康复。

(二) 解剖特点

腹泻病兔剖检可见胃膨大；十二指肠充满气体并被胆汁黄染；空肠、回肠肠壁薄而透明，内有半有透明胶冻样物和气体；结肠和盲肠黏膜充血；胆囊亦可见胀大，膀胱常胀大。便秘病死兔剖检可见盲肠、结肠内容物较硬且成形，上有胶冻，肠壁有时有出血斑点。败血型可见肺部充血、局部肺实变。仔兔胸腔内有多量灰白色液体，肺实变、纤维素渗出，胸膜与肺粘连。

(三) 防治措施

1. 饲养管理：兔场应加强饲养管理，搞好兔舍卫生，定期消毒。减少各种应激因素，特别是仔兔断乳前后，调整好兔饲料的营养平衡，饲料不能骤然改变，以免引起肠道菌群紊乱。

2. 药物治疗：

（1）按每千克体重用土霉素25mg或者黄连素0.20g给予肉兔口服，每天3次，连续治疗3d。

（2）腹泻及败血症等病兔治疗可用下列药物：5%诺氟沙星，每千克体重0.5mL注射，一天2次；庆大霉素每千克体重2万IU肌注，一日2次；螺旋霉素每千克体重10mg，肌内注射，一日2次；卡那霉素25万IU，肌内注射，一日2次；止血敏或维生素K 1mL，皮下注射，一日两次有良好的止泻作用；同时，应给病程稍长的病兔补液。静脉、皮下或腹腔缓慢注射5%葡萄糖盐水10～50mL，另加维生素C 1mL，口服磺胺片，一天3次，揉酸蛋白、矽炭银等拌湿口服，每天2次。

（3）在预防本病时，可用兔大肠杆菌病多价灭活疫苗或多联苗进行免疫注射。

六、母兔乳房炎

母兔乳房炎是产仔母兔常见的一种疾病，常发生于产后1周左右的哺乳期，轻者影响仔兔吃乳，重者造成母兔乳房坏死或发生败血症而死亡。该病常因母兔怀孕期饲喂营养过剩、产后乳汁过稠、乳房及产房不清洁、哺乳仔兔少、缺乏饮水或乳房外伤引起细菌感染而发生。

（一）临床症状

发病初期在乳房局部出现不同程度的红色肿胀、增大、变硬、皮肤紧张，继之肿块呈红色或蓝紫色，界限分明。1～

2d 后硬肿块逐渐增大，发红发热，疼痛明显，触之敏感，病情加重脓汁形成肿块变软，有波动感。当肿块出现凹陷，变成蓝紫色，体温升高，精神沉郁，呼吸加快，食欲减少或废绝。病情加重时，坏死有毒产物吸收或乳腺管破裂引起全身感染，最后易导致败血症而死亡。

（二）防治措施

1. 饲养管理：

（1）保持兔舍、兔笼、兔分娩箱的清洁卫生，兔笼、分娩箱出入口处要平滑，以防止造成乳房外伤而感染。

（2）产前应加强饲喂管理，适当减少精饲料，以防产后乳汁过浓。

（3）在母兔泌乳期间应充分供给饲料和饲草，仔兔断奶后及时减少喂料。

2. 药物防治：

（1）小范围乳房炎可注射青、链霉素各 40 万～50 万 IU 或庆大霉素 1mL，一天两次，连用 3d。

（2）较大范围乳房炎，在患病初期乳房红肿时用冷毛巾敷盖，乳房较冷时用热毛巾热敷，每日 3～4 次，每次 15～30min。在发炎部位多点肌内注射青霉素、链霉素各 80 万 IU，每天上、下午各 1 次，病情好转后改为每天肌内注射青链霉素 50 万 IU，分两次注射。

（3）对已形成脓肿的乳房炎，需开刀排脓，用消毒药水清洗后，撒上消炎粉或青霉素粉，同时做全身治疗，注射抗菌素或口服磺胺类药物。

（4）繁殖母兔每年 2 次皮下注射葡萄球菌病菌苗，可以

减少本病发生。

七、兔脚皮炎

兔脚皮炎也叫干爪病。该病是由兔舍潮湿、卫生条件不好，或患兔脚被刺伤，葡萄球菌侵入引发的蜂窝组织炎所致。

（一）临床症状

患兔脚爪在开始出现充血、肿胀、脱毛、形成出血溃疡。病兔表现出不愿活动，后肢抬起，怕负重，或轮换脚负重，有时用嘴啃患处。食欲减少，逐渐消瘦，有时也会出现全身性感染，呈败血症死亡。

（二）防治措施

1. 饲养管理：

（1）兔笼底板最好选择竹片制作，并且平整，无钉子头外露，笼内无锐利物等；如为铁丝笼，在底板上最好另行添加竹片底板或兔用脚垫。

（2）保持兔笼清洁卫生和干燥。

（3）对具有习惯性脚皮炎的家兔，不选作种用。

2. 药物防治：

（1）对有轻度炎症的兔，在患部涂抹肤炎平等药膏，一天2～3次。将病兔的笼底板垫上硬纸盒等，连续用药5d。

（2）对已化脓的患部，先清除坏死组织，再消毒，然后用皮炎康等药膏涂患处，用4～6层纱布包裹患处，隔2～3d换药1次。将病兔放在较软的笼底板上，直至伤口愈合，脚毛生长浓密再放回原笼。

(3) 用葡萄球菌病灭活菌苗进行预防注射，每年2次。

八、球虫病

球虫病是肉兔最常见且危害严重的寄生虫病，本病病原是兔艾美尔球虫。球虫属于单细胞原虫，寄生于兔的至少有14种。各品种的家兔都易感染，尤以断奶到3月龄的兔最易感染，成年兔因抵抗力强，一般都能耐过，但不断排出卵囊，污染环境，传染给其他易感兔。此病全年发生，呈地方性流行。

(一) 临床症状

按球虫寄生部位不同，可分为肝型球虫和肠型球虫，但往往常为混合感染。

1. 肝型球虫病：病初食欲减退或废食、伏卧不动、精神沉郁。两眼无神、眼鼻分泌物增多、贫血、下痢、幼兔生长停滞、消瘦、肝脏肿大，触诊疼痛。

2. 肠型球虫病：大多呈急性经过。多数侵害30～60日龄小兔，发病时突然倒下，肌肉痉挛，背部肌肉抽搐。后肢强直，四肢作不随意划动，头向后仰，发出惨叫而死，死前仍有食欲。慢性肠球虫病表现为食欲不振、腹胀、下痢。

(二) 解剖特点

一般死兔消瘦，被毛粗乱无光，肛门周围被粪便污染。解剖后有的可见肠壁血管充血，肠黏膜充血并有点状溢血，小肠内充满气体和大量黏液，有时肠黏膜覆盖有微红色黏液。慢性病例在肠黏膜上（尤其是盲肠蚓突部）有许多小而硬的

白色结节（内含大量球虫卵囊），有时可见化脓性坏死；有的可见肝肿大，肝表面及实质有白色或黄色粟粒，有豌豆大的结节性病灶沿胆小管分部，取病灶压片镜检，可见到不同发育阶段的球虫，陈旧病灶内容物转变成粉样钙化物。有时腹腔充满稀薄带有血色的液体。慢性病例兔胆管和肝小叶间部分结缔组织增生而引起肝细胞萎缩和肝体积缩小，囊胆肿大，胆汁浓稠、色暗。

（三）防治措施

1. 饲养管理：

（1）兔笼应选择向阳、干燥的地方，并要保持环境的清洁卫生。

（2）食具要勤清洗消毒，兔笼尤其是笼底板要定期开水或火焰消毒，以杀死卵囊。

（3）每2~3个月检验粪便是否有球虫卵囊。

（4）仔兔采用母子分笼饲养，避免仔兔误食兔粪后感染。

2. 药物防治：防治球虫病的药物较多，但不能长期单独使用一种药物，应经常更换或2~3种抗球虫病药物交替使用，另外药物剂量要足，搅拌要均匀，要按规定疗程进行，疗程不足会影响防治效果，同时，还容易产生耐药性。

（1）氯苯胍。预防按每千克体重10mg直接喂服，或按0.03%拌料中饲喂，疗程45d，间歇1周后，继续下一疗程，治疗量倍增。

（2）磺胺二甲氧嘧啶。饮水使用浓度，治疗剂量：0.05%~0.07%，预防剂量：0.025%；拌料使用，第1天以0.32%浓度拌料，以后4d的剂量为0.15%浓度拌料，间隔5d

后重复一个疗程。

（3）地克珠利。广谱苯乙腈类抗球虫药，以每百千克饲料拌入1/1 000地克珠利预混剂100g，治疗量加增。

在众多抗球虫药中，含有马杜霉素的各种剂型的药，不能用于兔，否则会发生中毒死亡。

九、螨病

螨病是家兔常见病、多发病之一，俗称"生痂"，是兔螨寄生于皮肤的一种外寄生虫病。本病具有高度的侵袭性，发病后如不及时采取有效的防治措施，会迅速传遍全群，造成严重危害。本病特征为患部剧痒、兔体消瘦、皮结痂和脱毛。

（一）临床症状

蚧螨的寄生部可分为耳螨和体螨两类。耳螨发生于耳壳内面，病原是痒螨。在耳根内面发生红肿，有渗出物，结成粗糙、增厚的黄色痂皮，严重时呈纸卷状塞满耳道。患兔经常摇头，用后肢抓挠头耳部。病兔消瘦。体螨主要寄生于脚趾，严重时可感染口鼻端及全身。病原是疥螨。患部皮肤变厚、龟裂。毛脱落，形成很厚的糠疹样结痂。患兔由于奇痒而无法安静，逐渐消瘦虚弱，最后死亡。

（二）防治措施

1. 饲养管理：

（1）定期消毒兔舍、兔笼及用具，笼底板要定期浸泡于2%敌百虫水溶液中消毒洗刷，洗净后晾干，用火焰喷灯消毒。

（2）定期检查兔群，一旦发现本病，要及时进行隔离、消毒、治疗，尽量缩小传播范围。

2. 药物防治：在治疗时要先剪去患部周围被毛，用温水浸软痂皮后，仔细刮除，再行涂药。以提高疗效。每次治疗的同时应对兔笼、用具及兔舍进行消毒，这对治疗效果的巩固至关重要。

（1）2%敌百虫水溶液或软膏擦洗、浸泡或涂抹患部，隔7d重复1次，直至治愈。

（2）0.1%乐杀螨溶液涂擦患部，隔7d重复1次。

（3）蝇毒磷是治疗疥螨的有效药物。以毛笔蘸取蝇毒磷药液（16%蝇毒磷乳油加水70倍稀释而成）涂擦患处，隔7d重复1次。

（4）碘甘油合剂治疗耳螨。以5%碘町3份，甘油7份混合涂擦患部。隔7d重复一次。

（5）灭虫丁注射液，每千克体重皮下注射0.2mL，也可涂擦患部。隔7~10d重复一次。

十、真菌病

真菌病一年四季均有发生，常见于春季和秋冬季节群发。仔兔20日龄左右就出现毛癣，至60日龄左右逐渐消失。如果不注意防治，常造成复发；青年兔发病凶猛，被毛呈梯状脱落，像癞痢头，生长停滞，常并发疥癣。

（一）临床症状

仔兔、幼兔真菌病大多发生在鼻、眼、嘴无毛处，患部

皮肤微红肿、有皮屑，后期转褐斑，眼周围突出似带眼框，生长停滞，显瘦弱。有的兔大腿内侧绒毛脱光，此时不注意防治易引起死亡。随日龄增长，被毛呈梯形剪断，严重的毛发基本脱光。

（二）防治措施

1. 加强饲养管理，保持兔舍笼内通风、干燥、卫生，有本病发生时兔舍、兔笼、食槽、用具等要进行全面彻底消毒，场舍和用具以火焰消毒效果最好；消灭老鼠、蚊蝇，防止猫、狗等其他动物进入兔舍内。

2. 药物治疗：对感染真菌兔用伊维菌素皮下注射，每 7d 一次，连用 2 次，同时每日口服 1 片灰黄霉素（连服 10d）；也可针对患兔局部涂擦克霉唑药水溶液或软膏，每天 3 次，直至痊愈。

十一、异食癖病

所谓异食癖是动物采食非正常食物的行为，并带有一定的持续性。少数肉兔除了正常的采食以外，还出现咬食其他物体，如食仔、食毛、食土等怪癖，称之为异食癖，这些现象多为营养代谢不平衡所致。

（一）主要类型及病因

1. 食仔癖：母兔分娩后，将其仔兔部分或全部吃掉的行为。以初产母兔最多，多发生在产后 3d 以内。主要原因如下。

（1）在产仔期间或产后，母兔精神高度紧张，如果此时

受到噪声、震动或动物惊吓等，造成精神紊乱，出现吃仔、咬仔、踏仔或弃仔（不再给仔兔哺乳）等现象。

（2）母兔在产前和产后没有得到足够的饮水，舔食胎衣和胎盘，口渴而粘腻，此时如果没有提前备有饮水，有可能将仔兔吃掉。

（3）营养缺乏，尤其是蛋白质和矿物质不足，产后容易出现食仔。

（4）产仔期间周围环境或垫草有不良气味（如老鼠尿味、发霉味、香水味等），造成母兔的疑惑，从而将仔兔当仇敌吃掉。

（5）母兔一旦吃仔，尝到了吃仔的味道，可能在以后产仔时旧病复发，养成食仔恶癖，因此，应提前加以防范。

2. 食毛症：肉兔食毛症包括自己兔子吃自己的毛（称为自吃）和吃其他兔子的毛（称为他吃）两种情况，以它吃为主。在群养时，当1只兔子吃毛，诱发其他肉兔都来效仿，而往往是都集中先吃同一只兔。有的将兔毛吃光后连皮肤也撕破吃掉。笔者研究认为，吃毛的主要原因是饲料中含硫氨基酸（蛋氨酸和胱氨酸）不足，忽冷忽热的气候是诱发因素，以断乳至3月龄的生长兔最易发病。

3. 食足癖：即肉兔将自己的脚部皮肉吃掉的行为。由于肉兔的腿部和脚部有肌肉和丰富的血管和神经，受到损伤后，导致血液循环障碍，造成消化代谢紊乱，代谢产物不能及时排出，脚部末端炎性水肿，刺激家兔痛痒难忍而发生食足。

4. 食土癖：由于肉兔饲料中缺乏食盐、钙、磷及某些微量元素，当有土时便不停的啃食的行为。

5. 食木癖：肉兔啃食笼舍内的木制或竹制的门窗和器具等的习性。主要是饲料中的粗纤维含量不足，饲料的硬度不够，使家兔不断生长的门齿得不到应有的磨损所致。

（二）防治措施

异食癖是由一种或多种原因所致的代谢疾病。主要防治措施是加强肉兔的饲养管理，保证肉兔饲料的营养全面。

1. 食仔癖：应提供营养全面的饲料、保证充足的饮水、保持环境安静和防止异味刺激等。母兔在没有达到配种年龄和配种体重时，不要提前交配。对于有食仔经历的母兔，应实行人工催产，并在人工看护下哺乳。一般来说，经过 1 周的时间，不会再发生食仔现象。

2. 食毛癖：发生食毛癖的肉兔应及时隔离，减少养殖密度，并在饲料中补充 0.1% ~0.2% 含硫氨基酸，添加石膏粉 0.5%，硫黄 1.5%，补充微量元素等。一般经过 1 周左右，即可停止食毛。

3. 食足癖：保证板条平整，间隙适中，防止兔脚卡在间隙里造成骨折。还应积极预防脚皮炎和脚癣。

4. 食土癖：根据肉兔的生长阶段、生产性能等提供营养全面的饲料，饲料原料尽量多样化，在饲料中补加食盐、骨粉和微量元素等，很快即可停止。

5. 食木癖：主要是饲料粗纤维含量不足或缺乏一定硬度，在配合饲料中应有足够的粗纤维，提倡有条件的兔场使用颗粒饲料。平时在兔笼的草架里放些嫩树枝或果树枝，让其自由采食，既可预防异食，又可提供营养。

十二、霉变饲料中毒

由于饲料或原料中含有的水分较多或者在压制成颗粒饲料后没有及时摊晾风干，在适宜的温湿度下，饲料中的真菌大量繁殖，产生霉菌毒素。肉兔一旦摄入这种饲料，就会造成霉菌毒素中毒，甚至大量死亡，因此，在生产中，应保证饲料品质，严禁饲喂发霉变质的各种饲料。

（一）临床症状

肉兔食用霉变饲料后，初期食欲减退甚至拒食，精神不振，可视黏膜黄染，被毛干燥粗乱，不愿活动，常趴卧在笼内；流涎或流泡沫性鼻液，消化出现紊乱，腹胀、便秘或拉稀，粪便中带有黏液；随着病情加重，出现神经症状，后肢瘫软，全身麻痹死亡。急性的常窒息或衰竭而死，慢性中毒的则病程较长。日龄小的仔兔、幼兔及日龄大而体弱的兔发病多，死亡率高；孕兔则发生流产、死胎、瘫软或瘫痪；公兔则表现出死精、无精症。

（二）解剖特点

剖检可见肠胃有出血性坏死炎症，胃与小肠充血、出血；肝肿大、质脆易碎，表面有出血点；肺水肿，表面有小结节；肾脏淤血。

（三）防治措施

1. 本病应以预防为主：严禁使用受潮结块或霉变的原料压制颗粒饲料；严禁使用发霉变质的颗粒饲料、青绿饲料和粗饲料。

2. 要妥善保管饲料：将饲料放置在料架上，不要与地面和墙壁直接接触；保持饲料保管房的通风干燥，不要一次性生产或购买太多的肉兔饲料。

3. 治疗方法：肉兔一旦发生霉饲料中毒，应立即停用霉变饲料并调换洁净饲料。此病无特效药物，对轻度中毒兔可口服硫酸镁或硫酸钠等盐类泻剂排毒，静脉注射或腹腔注射50%葡萄糖液10～20mL和维生素C 2mL，每天1～2次，连续3～5d。

第六章 肉兔家庭养殖场的产品加工

第一节 兔肉产品加工

俗话说："飞禽莫如鸪，走兽莫如兔"。兔肉是流行的肉类食品之一，在欧美一些国家已成为肉食的主要补充来源。兔肉与其他肉类相比，具有高蛋白、高烟酸、高消化率、低脂肪、低热量、低胆固醇（三高三低）等特点，是理想的营养美容肉食品，而且还具有较高的食疗保健价值。《本草纲目》记载："兔肉性寒味甘，具有补中益气、止渴健脾、凉血解热毒、利大便之功效"，特别适合高血压、肥胖症、动脉硬化患者、胃肠功能差的老人，以及脾胃气虚所致食少、乏力，脾胃阴虚的口渴、消瘦及便秘、血便患者的食疗和补养。兔肉与其他畜禽肉一样，可采用各种方法将其加工为腌腊、干肉、烧烤、香肠、罐头等各类肉制品。合理开发利用兔肉产品，具有巨大的经济效益。

一、腌腊制品

将兔肉腌制或酱渍，再风吹、晾晒或烘烤干燥即成，如缠丝兔、风兔、板兔、咸兔、腊兔等。

（一）缠丝兔

缠丝兔是南方著名兔肉加工产品，尤以四川驰名，加工历史悠久，制作精细，造型美观，风味独特，色泽红里透棕，香味扑鼻，咸淡适中，肉嫩味鲜，不仅内销也外销。

1. 工艺流程：原料选择及预处理→打孔→腌制→涂料缠丝→悬挂风干→煮制→成品。

2. 操作要点：

（1）原料选择及预处理：选择肌肉丰满、体重1.5～2.0kg兔作原料，体重过大过小均会影响质量。按照常规要求将兔宰杀、去皮、剖腹去内脏、清洗，然后修整兔胴体，去除胴体上各处的结缔组织及脂肪，除净体腔内残存的血瘀及体液。

（2）打孔：打孔是进行腌制前的一道工序，其目的在于使得腌制更加迅速和彻底。由于兔胴体的臀部等部位肌肉组织厚实，腌渍液不易进入组织内部，因而用刀尖在胴体的肌肉厚实的地方戳孔或划割，使腌渍液均匀渗透，加快腌渍速度。

（3）腌制：

①腌制料配方（单位：kg）：兔肉10，食盐0.5，酱油0.1，白糖0.2，味精0.035，白酒0.05，甜面酱0.06，五香粉0.03，葱姜各0.1，八角0.02，混合香料0.15，亚硝酸钠0.005，麻油0.15。

②腌制：新鲜胴体须及时盐渍，盐渍分干盐渍和水盐渍。秋冬季加工或较长时间保存以干盐渍为宜，春夏季加工或较短时间保存以水盐渍为宜。将食盐、白糖、葱姜、八角、白酒、亚硝酸钠混合后水煮制成腌制液，腌制液的多少根据原

料的多少确定。将经过打孔的原料浸入腌制液中，使得整个胴体全部浸到腌制液里。下缸时要按兔头与兔尾交替分层堆码，排列须整齐均匀，腌制时间为 2d。腌制过程中每天上午和下午都要进行一次翻缸。起缸晾干后即可涂料、缠丝。

除了湿腌法之外还可以采用干腌法。即将食盐、葱姜、八角、亚硝酸钠混合后，均匀撒在兔胴体表面，下缸后静置腌渍，如原料较多则采用一层兔肉一层调料。腌制时间要略长于湿腌法，一般在 50h 左右。

（4）涂料：经过腌制的胴体出缸后进行适当的形体修整，然后进行涂料。把混合香料、五香粉等剩余的辅料碾细混合，调成糊状，均匀涂抹在胴体的表面和体腔内。一般每只兔涂料用量在 25g，用量过多在缠丝过程中涂料会渗出，影响产品外观和质量，用量过少则产品口味欠佳。

（5）缠丝：缠丝的方式有密、中、疏 3 种。通常密缠最好，丝间距离为一指左右。一般一只体重 2kg 的兔缠丝所用的细麻绳长度为 4m。从后腿缠起，直至前夹、颈部，边缠边整形，胸、腹部要包抄裹紧，兔的前肢要塞入胸腔，后肢要尽量拉直，使得整个造型呈螺旋形，兔体肌肉紧实。横放时形似卧蚕，故缠丝兔又称“蚕丝兔”。

（6）烘烤与煮制：缠丝后的胴体挂在阴凉通风处风干，自然风干通常 3～4d 即可完成。晾挂完成后进入烤房，进一步悬挂烘烤。烘烤时间以成品贮藏时间及加工季节而定。燃料最好用木炭或焦炭，也可直接置于玉米芯、锯木屑作燃料的明火上烘烤烟熏，干燥后即为半成品。一般需要将其熟化，可用配好的卤水蒸煮 45min。卤水配制：生姜 100g、花椒 5g、肉豆蔻 10g、小茴香 5g、八角 25g、桂皮 2.5g、胡椒 2.5g、味精 1.5g，为 10 只兔用量。煮制之前要将兔用清水浸泡，使之回软，并洗去表面污垢。煮制时先将水煮沸再下料，煮沸 15min 后改用小火焖煮 1h。煮制完成后在体表刷一层麻油，冷却后即可。

（二）板兔

1. 工艺流程：选兔→宰杀、整理→漂洗→腌制→整形→烘烤→烟熏→热水清洗→卤制→卸竹片→修整→风干→刷香油→装袋→真空包装→巴氏灭菌→成品。

2. 操作要点：

（1）选兔：选择健康膘肥的青年肉兔，体重 2.5～3kg，经检疫合格后作为原料兔。

（2）宰杀、整理：宰杀前先用木棒将兔子击晕，然后将兔体倒挂于架上，用刀切颈动脉，充分放血后，剥去兔皮，肚腹开膛，取出内脏和脚爪，修去浮脂和结缔组织膜，并擦尽残血。

（3）腌制：将宰杀、洗净的兔坯浸泡于含有食盐、亚硝酸钠、白砂糖、白酒、味精、生姜及天然香料组成的混合液中，腌制 2～4d，使食盐及香味物质充分进入兔坯中。在此期间翻动 3～4 次。腌好的肉块硬实，颜色呈玫瑰红色。天然香料（装入布袋，然后放入腌制液中）的配比（以 100kg 兔肉计）：白芷 100g、八角 250g、丁香 100g、三奈 100g、甘草 150g、香草 150g、桂皮 100g、小茴香 100g、草果 150g。

（4）整形：将腌好的兔坯用竹片撑成平板状。

（5）烘烤：烘烤温度在 220～240℃，通常烘烤 40～

50min，使兔体全身呈现均匀的枣红或橘红色，表皮自里向外有油滴渗出，皮肤光亮油润，有皱纹。出炉后的半成品兔膛水应清澈透明，并带有少许油珠；如膛水呈乳白色、油滴多，净水少或呈浓稠状，则说明烘烤过度；如膛水呈红色且混浊，无凝结的血块，则说明烘烤不够，未熟透。

（6）烟熏：将半成品兔坯挂在熏烟炉内的炉架上，在熏烟发生器的炉盘内撒上锯末或硬木屑，生烟后，密闭炉门，焖熏20～30min，待兔体表面呈茶色或烟棕色时，即为熏烟终点。烟熏处理时，应严格控制生烟炉内的通风情况，以防木屑或锯末燃烧，影响烟熏质量。通常以小股生烟，维持熏烟炉内的温度在50℃左右即可；温度过高，或锯末燃烧，易导致兔体焦糊；如温度过低，或生烟过小，则延长熏制时间，且影响成品兔的质量。熏烟中含有多种具有防腐作用的化合物，如酚类，醛类等，同时烟熏还可使食品脱水，对进一步保藏有利。

（7）卤制方法：卤料配方（以100kg兔肉计）：八角50g、桂皮30g、小茴香30g、丁香30g、三奈30g、花椒40g、白芷30g、砂仁20g、甘草30g、广木香30g、香草50g、草果30g。将上述香料及生姜用纱布包好，放入夹层锅中（香料袋可连续用4～5次），倒入老卤水。水量不够时用清水补充，水量以水面能全部浸没兔肉为宜。打开蒸汽阀门，将水烧开20min左右，放入半成品兔坯，加入食盐、白砂糖、味精、丁基羟基茴香醚、白酒、焦糖、植物油、苯甲酸钠。待水沸腾后，用勺撇去水面上的浮沫。关小蒸汽阀门，小火保持汤面呈微沸状，焖煮30～40min即可。

(8) 巴氏灭菌：卤制好的兔坯，卸下竹片，用钳子除去牙齿，剪去结缔组织膜。风干后，刷一层香油，装袋，真空包装，然后进行巴氏灭菌，即将装好袋的板兔放入 80～90℃的热水锅内，保温杀菌 15min，出锅后即为成品。成品兔保质期可达 6 个月。

二、酱卤制品

将兔肉置于用酱油、香辛料、调味料等制成的酱卤料中卤制，可加工为卤兔、红板兔、酱卤兔、糟兔等。

(一) 五香兔肉

1. 选料及预处理：选用 1.5kg 重的肉兔，宰杀后除去淤血、杂物和毛，用清水洗净，切块，分头颈 2 块，前后腿 4 块，中部 1 块。然后入锅加水，用旺火煮沸 5min，除去水腥气，然后用凉水漂洗，冷却备用。

2. 配料：净兔肉 100kg，丁香、乳香、桂皮、八角、陈皮、硝水、精盐各 100g，麻油 3kg，黄酒 5kg，白糖 6kg，上等酱油 5kg。将五味香料碾碎，装袋扎口，放入锅内，再加清水适量，放入黄酒、白糖、精盐，在旺火上煮成卤水。

3. 浸卤：将兔肉块放入卤锅，以旺火煮透后捞出，抹去浮沫，晾凉后再用清水漂洗 1h，取出沥干。把肉块放入用硝水、葱花、姜汁配成的溶液中浸泡 30min，取出沥干，再用熟麻油涂抹肉表面即为成品。

(二) 香卤熏兔

1. 工艺流程：原料兔→解冻→修整→注射→滚揉→腌

制→预煮→烟熏→冷却→称重包装→成品。

2. 配料：以100kg兔肉为单位配制。

（1）注射液：水21.7kg、食盐3.24kg、白糖1.8kg、复合磷酸盐0.54kg、亚硝酸钠27kg、五香浓缩液0.108kg、分离蛋白2.7kg。

（2）煮制香料袋：大茴香120g、白芷100g、花椒150g、陈皮100g、丁香80g、生姜600g。用纱布袋包扎成香料袋，每个香料袋可连续使用5次。

（3）调味料：食盐6kg、白糖2kg、黄酒2kg。

3. 操作要点：

（1）原料兔：原料兔选用冻白条兔，质量应符合GB 2708—94规定，达到标准要求。

（2）修整：经解冻后的白条兔要修洗去淤血、污物等杂质，保持肌膜、兔体完整。

（3）注射：配制注射液时先将水加入搅拌桶中，在搅拌状态下先依次加入分离蛋白、复合磷酸盐 、食盐、白糖、亚硝、五香浓缩液，但要注意确保注射液的温度在2～6℃。注射量为20～25mL。

（4）滚揉：将注射后的兔只及时装入滚揉机中进行滚揉，连续滚揉1.5h左右，温度控制在2～6℃。

（5）腌制：将滚揉过的兔只装入方车推入腌制间，腌制间的温度在0～4℃，腌制24～32h。

（6）煮制：夹层锅中加入3/5的清水，加入香料袋加热至水沸后，放入兔只，加入调味料，大火加热20min，然后小火闷煮1h左右。在煮制过程中不断将浮沫撇出，保证汤液洁净。

（7）烟熏：将煮制后的兔只捞出后，控干水分，吊挂后推入烟熏炉中进行烟熏。温度控制在80℃左右，熏制20min。

（8）称量包装：烟熏后的兔只冷却至室温后称量，装入透明蒸煮袋中（袋上注明重量）进行真空包装，真空度为－0.1Mpa，热封温度170～220℃，时间2～4 s。真空包装后封合线应平整、牢固，袋子无刺孔、褶皱。

●（三）糟制兔肉●

1. 工艺流程：

加调味料

↓

新鲜冷冻兔肉→解冻→切块→煮制→沥干→冷却→糟制→烘制→包装→真空封口→杀菌→冷却→成品。

2. 操作要点：

（1）煮制：将新鲜冷冻兔肉在室温下通风解冻至半解冻状态，将其切成小块，大小尽可能均匀，然后将其放入正在沸腾的水中（加入调味料）煮制20min，兔肉与水量比例为1：1，在煮制的过程中不时地翻动，使其煮制均匀。

（2）糟制：酒糟对产品有去腥、抑菌和杀菌的作用，糟量要和兔肉成一定比例，过多或过少都会影响兔肉的酒香味、弹性，并出现苦味，糟量通常选择为熟兔肉的75%。将煮制好的兔肉沥干冷却，用一定量的酒糟糟制，食盐用量为3%，白糖用量为1.5%，味精用量为1%，混合香辛料用量为1.5%。糟制时，先在罐底铺一层酒糟，再按一层兔肉一层酒糟铺好，逐层压紧，坛口盖以较厚的白糟层。将罐口密封好

后放在室温下糟制15d。

三、香肠制品

将兔肉与猪肥膘肉分别切丁混合，或与其他肉类，如猪肉、牛肉、羊肉混合绞制，加调味料，制成兔肉腊肠等香肠制品，也可经绞制、加调味料、斩拌、灌装后蒸煮、烘烤或发酵、熏烤，加工为兔肉灌肠、火腿肠、色拉米香肠等。

●兔肉肠●

1. 工艺流程：原料肉解冻→预处理→绞肉→腌制→斩拌→灌肠→煮制→成品。

2. 操作要点：

（1）原料肉解冻及预处理：将冻兔肉（约1.5kg）放入干净的盆中，加入自来水，在室温下解冻，猪背膘（兔肉的1/9）以同法解冻。将解冻后的兔肉剔除筋骨，切成丁状，解冻后的猪背膘同样切成丁状。将切成丁的原料肉放入绞肉机中绞碎，先慢后快。

（2）腌制：将绞碎的肉加入微量亚硝酸钠（约5∶100 000）、食盐3%、白糖1%、料酒2%、复合磷酸盐3%（2∶2∶1）、异抗坏血酸钠0.1%、姜粉1%、五香粉0.05%、白胡椒粉0.3%、葱1%、草果0.2%、红曲0.1%、水50%、肉蔻0.1%，拌匀，置于4℃的冰箱中腌制24h。

（3）斩拌：将腌制好的肉从冰箱中取出倒入斩拌机中进行斩拌，2min后加入淀粉15%和大豆蛋白4%，2min后加入猪背膘，加背膘时要一点一点添加，使其均匀分布，总斩拌时间控制在 6min 左右。斩拌过程中，要向斩拌机中加冰水，控制温度在 10℃以下。

（4）灌肠：从斩拌机中取出肉糜，放到灌肠机中灌制，灌制速度控制在转速 2 转/min，灌好后立即打结。若用猪肠衣，则需用针刺孔，排出肠内的气体。

（5）煮制：将灌好的香肠放入蒸煮锅中煮制，温度控制在 85℃左右，时间 15min 左右。

四、干燥制品

（一）兔肉干

1. 工艺流程：选料及前处理→初煮→切片→复煮→烘干→检验包装→兔肉干

↓

腌制、油炸、拌料→麻辣兔肉干

2. 操作要点：

（1）选料及前处理：选用 3.5kg 左右、身体肥壮、背宽臀圆、经过严格检疫的成年兔，用清水漂洗兔胴体，洗净残存的血污、细毛等杂质，沥干，最好选用家兔前后腿为佳。剔去骨、淋巴、筋腱、肌膜等不宜加工的组织后切成 200～300g 的肉块。进行剔骨操作时要注意刀的走向，尽量保持肌肉的完整性，同时要剔净全部骨，避免出现碎骨渣，剔骨后要进行整形处理。

（2）初煮：将肉块洗净后置于锅中煮制，用水量以刚没过肉块为宜。初煮的目的是去除兔肉腥味。一般采用清水煮

制，为了达到更好的效果可添加1%～2%的鲜姜或少量啤酒，也可加入几根葱或几滴醋。初煮过程中撇去肉汤表面的浮沫。老兔的煮制时间要适当延长，幼兔则适当缩短，煮制时间一般为开锅后40min。当肉块中心无血水、肉质变硬时即可。

（3）切片：肉块初煮出锅后沥干水分，按照不同要求切条、块、丁，通常切成2.5cm×2.0cm×0.4cm的条状，要求块形相似、大小一致、厚薄均匀。

（4）复煮、烘干：

①配方（以兔肉100kg计）：食盐4kg、白糖2kg、酱油4.5kg、辣椒1.5kg、花椒0.8kg、胡椒1.2kg、五香粉0.4kg、味精0.2kg、白酒0.5kg、陈皮0.3kg、小茴香0.2kg、维生素C 0.05kg、姜葱适量。

②将初煮剩余的汤用纱布过滤，取1/3肉汤（刚能淹没肉块为宜）加入锅中。肉汤中加入茴香、葱、姜、食盐、白糖、酱油等，茴香用纱布包起来扎紧，维生素C不要加到锅中。加入初煮的肉片，大火煮制0.5h改用文火熬煮。期间不停翻拌，以免焦锅。当锅中肉汤减少时酌量添加初煮肉汤，复煮时间为1～2h。

③烘干：烘烤可采用烘箱。将肉片平铺在筛网上，放入干燥箱，烘烤前期温度控制在60～70℃，持续2h；后期温度在50℃，时间为3h。烘烤时间的长短看具体条件而定。烘烤过程中经常翻动，保持脱水均匀。干燥完成后迅速冷却，然后采用马口铁灌装或真空包装。

（5）腌制、油炸、拌料：兔肉干的脱水也可以采用油炸的方法进行加工，切片后即进行腌制、油炸、拌料和包装。

油炸的方法可使产品质地变得酥脆，改善色泽和风味。

①配方（以兔肉 100kg 计）：精盐 2kg、白糖 2kg、酱油 4.5kg、辣椒面 2.5kg、花椒面 0.5kg、芝麻油 1.0kg、五香粉 0.2kg、味精 0.2kg、白酒 0.5kg、小茴香 0.3kg、姜葱适量、植物油适量。

②固体香辛料均磨成细粉，各辅料均取 4/5 的量与肉片充分拌和均匀，放置 15～20min 进行腌制。通常选用菜籽油或花生油作为炸油，将腌制好的肉片置于 160℃油温的热油中进行油炸，保持油炸时间 3min，肉片色泽金黄即可出锅。油炸时肉片一次不要加得太多，以免油温下降，太少则容易炸糊。将油炸后的肉片捞出，沥干，加入剩余的辅料，翻拌均匀，冷晾后进行包装。

（6）检验包装：包装通常采用普通复合袋，也可进行真空包装，采用真空袋包装保质期可达 2～3 个月；如果装入玻璃瓶或马口铁罐中则可保存 3～5 个月。

●（二）兔肉松●

1. 工艺流程：原料肉选择及预处理→烧松→加料→炒松→复炒→擦松→包装贮存→成品。

2. 操作要点：

（1）选料预制：挑选健康、经过严格检疫合格的兔肉，尤以兔脊肉、兔腿肉为好，除去骨头、筋腱等，然后顺肌肉纤维纹路切成肉条后，再切成 3cm 长的短条。

（2）烧松：将切好的肉条洗净，放入锅内，加等量的水用急火煮开，撇去表面的汤沫，再用文火焖煮 2h。

（3）加料：

①配料（以兔肉 10kg 计）：酱油 80g、白糖 60g、姜粉 10g、味精 3.5g、黄酒 60g。

②待兔肉煮酥后，扯散肌纤维，加入配料，味精在停炒前 10min 加入。

（4）炒松：加料后，用铁铲不停地翻炒，以拌匀配料、拉散肌纤维，防止结巴灼焦，制成含水 40% 的半成品。

（5）复炒：半成品的重量约为鲜重的 50%，放入炒松机内继续加温、复炒成品。如果无炒松机，也可将半成品放入锅内复炒，根据半成品含水情况，调节火力大小，使汤收稳，炒到用手挤不出水分为止。

（6）擦松：复炒后，趁热将原料肉放入擦松机内，制成蓬松金黄色兔肉松，无擦松机或数量少时，也可用擦松板（类似搓衣板）搓揉成松。

（7）包装贮藏：擦松后，拣去骨渣等，称量包装。兔肉松吸水性强，应注意防潮变质，短期贮藏可装在防潮纸袋或塑料袋内；若装入消毒后的玻璃瓶内，可保存半年以上。

（三）兔肉脯

1. 工艺流程：原料肉选择与整理→剔骨、切片→腌制→摊贴、烘焙→烤制→压片、切片→包装、成品。

2. 操作要点：

（1）原料肉选择与整理：选择经严格检疫合格的肉兔胴体，去除各部位结缔组织、耻骨附近的腺体、生殖器官、胸腹腔内的大血管，并用温开水洗净的湿毛巾擦去各部位残血和浮毛。

（2）剔骨、切片：先将兔切成大块，剔去骨、筋膜、肌腱、淋巴结等、剔骨时应尽量避免破坏肌肉组织的原块型结构，然后用切片机或手工切成厚2mm的薄片，要注意顺着肌纤维的方向切片，减少破碎。

（3）腌制：

①配方：采用不同的调味料可以加工不同风味的产品。产品配方如下（以原料肉重量为基准计）。

甜味兔肉脯：食盐1%、酱油8%、白砂糖20%、黄酒1%、蛋清1.5%、磷酸盐0.2%、亚硝酸盐0.15%、异抗坏血酸0.2%。

五香兔肉脯：食盐1%、酱油8%、白砂糖20%、黄酒1%、蛋清1.5%、磷酸盐0.2%、亚硝酸盐0.15%、异抗坏血酸0.2%、五香粉2.5%。

麻辣兔肉脯：食盐1%、酱油8%、白砂糖20%、黄酒1%、蛋清1.5%、磷酸盐0.2%、亚硝酸盐0.15%、异抗坏血酸0.2%、花椒粉1.2%、辣椒粉1.3%。

咖喱兔肉脯：食盐1%、酱油8%、白砂糖20%、黄酒1%、蛋清1.5%、磷酸盐0.2%、亚硝酸盐0.15%、异抗坏血酸0.2%、咖哩粉2.5%。

②腌制：按照配方准确称取各配料，混匀后放入肉片中并充分翻拌均匀，在不锈钢容器中腌制3~6h（视气温高低决定时间长短），使辅料充分渗入肉中，肉片呈鲜红色，肉表面有糊状的可溶性蛋白质渗出，手触有黏稠感时说明已腌制成熟。

（4）摊贴、烘焙：摊贴可以用金属筛网或精致的竹篾筛匾，摊贴前现在筛网上涂擦一层植物油，防止烘焙时与肉片

发生粘连，再把腌制好的肉片按肌纤维方向顺次摊平粘贴在筛网上。摊贴时，肉片间不能留有缝隙，也不能重叠，要使其相互粘连接成平整的片状，并且肉片的纤维方向要一致，避免烘焙时由于肌纤维收缩不均而扭曲变形。摊贴完毕即可放入烘箱或烘房中，在65℃左右烘烤5～6h，期间要经常调换筛网位置，使肉片干燥均匀。

（5）烤制：将烘焙后的肉片放入烤箱，在200～250℃下烤制1～1.5min，直至肉片呈棕红色、表面出油，散发出特有的烤肉香气。

（6）压片、切片、包装：由于肌纤维在高温烤制时收缩程度不一致，造成干坯扭曲或凹凸不平，因此出箱后必须趁热用特制的压平机压平，然后根据规格要求切成大小均匀、形状一致的小方块，再经过拣选、检验、真空包装即为成品。

●（四）麻辣兔肉脯●

1. 加工工艺流程：选料→宰杀清理→斩拌→腌制→烘烤→成型→油炸→拌料→装袋密封→微波杀菌→检验、成品。

2. 操作要点：

（1）原料选择：最好选用当年养1.5kg左右的兔，经兽医检疫合格，保证兔肉的肉质品质。

（2）宰杀清理：采用棒击刺杀法。血放完后，采用烫毛烺毛工艺制坯，烫毛水温一般在60～65℃。拔毛后的兔体先截去四爪和尾根，用清水冲净兔体表面的残毛，再用尖刀在腹部刺开3cm左右长的刀口，取出内脏，开膛去脏后用清水漂洗，浸出残血等污物。洗去残留在兔身上的毛血和腹腔内的污物，只留兔胴体，然后剃去兔骨。

（3）斩拌：原料肉用快速斩拌机斩拌，也可采用细孔的绞肉机将肉绞幼，使肉质细微，便于铺片成型。可添加适量碎冰，控制肉料温度不超过10℃，斩拌时间6～8min。

（4）腌制：

①腌制料配方：兔肉50kg、食盐2kg，葡萄糖0.5kg，抗坏血酸钠50g，鸡蛋1kg（取蛋清），味精0.1kg，辣椒粉2kg，胡椒粉0.2kg，花椒粉0.8kg。

②腌制：首先加入鸡蛋清，将其和兔肉全部混合均匀后，再将食盐、胡椒粉、辣椒粉、味精等配料均匀地撒入肉泥中搅拌均匀，腌制30min，使其充分均匀地渗透到肉中。添加鸡蛋清的作用是保持肉的品质鲜嫩。

（5）预煮：将腌制好的兔肉放入夹层锅中煮30min，要求将兔肉煮熟，然后从锅中捞出，冷却到40℃左右。

（6）烘烤：将肉泥铺在预刷植物油的金属盘中，要求铺片厚度均匀一致，一般为0.2cm。不能有孔洞，以免影响产品质量。烘制可采用烘箱烘制，也可用蒸汽脱水烘干。温度一般为70～80℃。前期温度可稍高些，烘制4～5h，使肉片烘干成坯，然后从盘内取下，自然冷却，肉中水分为18%～20%。烘制后的肉坯水分含量较高，肉还未熟化，不易保存，不能直接食用，需进一步在远红外线烘烤炉中升温到220～240℃烤制3～5min，至肉坯上有油滴析出，透出兔肉的清香味时即可取出。

（7）成型：烘烤成熟的肉坯，用干净纱布擦去表面的油腻，再用压平机压平，冷却后剪成不同形状的肉片进行包装。

（8）油炸：将成型后的兔脯，在油温160～180℃中炸制

成表面金黄色，时间约为1～2min。油炸目的主要是使肉脯呈色，赋予油炸香气和酥松的口感。

（9）拌料：

①拌料配方：兔肉50kg、食盐0.5kg、味精0.05kg、辣椒粉0.5kg、胡椒粉0.1kg、花椒粉0.1kg。

②拌料：将表面辅料混匀后，均匀地撒在成品的表面，再拌和均匀即可。

（10）装袋密封：加工完成后的兔脯，按一定规格装入塑料袋（采用PVDC/ALP/PE复合薄膜高温蒸煮袋）中，装袋时应注意防止粘污袋口，以免影响封口质量，降低密封强度。真空封口采用软包装真空封口机进行热封，封口以封牢、封密、不漏气为原则，封口不良者，应拆开重装，封口时真空度在0.9MPa以上。

（11）杀菌：将封口后的袋尽快装入微波炉（高火，8min）进行杀菌，保质期90d。

（五）带骨兔肉脯

1. 工艺流程：

兔骨→粗碎→预煮→去残肉→干燥→粉碎

↓

兔肉→绞肉→调味着色→斩拌→抹片→烘烤→冷却→切片→检验→包装→贮藏。

2. 操作要点：

（1）活兔宰杀及绞肉：活兔采用颈部刺杀放血，充分滴血后，剥皮去内脏去脚爪。对全净膛胴体剔骨，去净脂肪、筋膜、肌腱，精肉作原料肉。经检验原料肉达GB 2723—81

一级鲜度。并在清洁冷水中清洗，沥干后用绞肉机（孔径小于5mm）绞成肉糜，绞肉温度高时可加少量冰屑。

（2）兔骨粉的制备：取兔中轴骨和四肢骨，去净残肉、肌腱，破碎成小块状（长约2cm），在清洁冷水中漂洗净血，捞出沥干后在沸水中预煮，去净油脂，取出，冷却后去净残肉，在60℃以下的鼓风干燥箱中干燥，冷却后用粉碎机粉碎至细度小于80 目的骨粉。

（3）调味拌料：

①调料配方（以兔肉质量为基准计）：盐 2.5%、味精 0.1%、兔骨粉 6%、白糖 5%、抗坏血酸 0.4%、淀粉 3%、鸡蛋4%、辣椒红色素1%、大蒜泥1%、白胡椒0.3%、生姜 0.3%、料酒1%。

②拌料：将兔骨粉、辣椒红色素、精盐、大蒜泥、生姜汁、白胡椒粉、白糖等用少量冷开水溶解，拌入兔肉糜。

③斩拌：开动斩拌机斩拌兔肉糜，首先逐步加入粉状辅料，拌匀后加经过溶解的精盐等辅料，最后逐步加入鸡蛋液、料酒等，加完辅料后继续斩拌 3 ~ 5min，使肉糜充分混合。斩拌过程中可通过加入适量碎冰控制肉糜温度不超过 10℃。

（4）抹片：将烤盘预热至 85 ~ 90℃后，盘内涂布植物油，再将拌好的肉糜用抹刀平铺在烤盘内。要求抹片平整光滑，厚度均匀且不超过 3mm。

（5）烘烤：在 80 ~ 85℃烤箱中烘烤 20 ~ 30min，然后将温度降至65 ~ 70℃烘烤 2 ~ 3h，揭片翻面，继续烘烤 2 ~ 3h 至肉片两面颜色一致、收缩均匀，肉香味好，再将烘箱温度升至 160 ~ 180℃，烘烤 2min 左右后取出。

(6) 切片、包装：冷却后切成 120mm × 80mm 的片状，检验合格后真空包装。

五、烧烤制品

(一) 无硝麻辣兔丁

1. 工艺流程：原料兔选择→宰杀→清洗→切条→腌制→预煮→切丁晾干→上色→油炸→沥油→调香→真空包装→检验→成品。

2. 操作要点：

(1) 原料预处理：选用健康无病、中上等膘的肉用兔为原料。用圆木棒将兔击晕，切开颈动脉充分放血，分别从腕关节、跗关节处截断前、后肢；在后肢跗关节处、股内侧用尖刀平行挑开兔皮剥至尾根，在第一尾椎处去掉尾巴。再用双手紧握兔皮的腹背处，向头部方向翻转拉下，最后抽出前肢，剪断眼、唇周围的结缔组织和软骨；剥皮后，从腹线正中开腹，取出内脏，除掉屠体各部位的结缔组织，耻骨附近的腺体、生殖器官、胸腹腔内的大血管，用清水将兔胴体内外漂洗干净，尤其是口腔内的脏物，并剔除兔骨、筋膜、肌腱、淋巴结等。切条：切成 1cm 宽的肉条，并保证肉条的大小均匀。

(2) 腌制：腌制是风味兔丁加工的第一步，它可以改善和提高肉制品风味。腌制时先将香辛料八角、桂皮、丁香、豆蔻、砂仁、草果、花椒、干辣椒、姜、蒜包在纱布中，放于锅内，加水煮成香料水，再加净肉重 4% 的食盐和适量料酒配成腌制液。待腌制液冷却后，放入兔肉，于 0 ~ 4℃ 下腌制

8～12h。

（3）预煮：将腌制好的兔肉放入夹层锅中煮30min，要求将兔肉煮熟，脱水率在25%～30%，然后从锅中捞出，冷却到40℃左右，在此温度下有利于切块。把煮熟了的兔肉切成1.8cm见方的颗粒，保证大小均匀一致。

（4）油炸：在油炸前将切好的兔丁与上色液充分混和，上色液由老抽、生抽、果葡糖浆、淀粉配制而成。然后将兔肉丁投入油炸锅当中，每锅投料量一般为油量的15%～20%。采用两段式油炸工艺，第一段油炸温度为130℃，油炸时间为8min；第二段油炸温度为170℃。油炸时要控制好油温和炸制时间，并不停翻动，以免炸焦，当兔丁表面呈现金黄色为优。要求兔肉脱水率在70%以上，将炸制好的兔丁用漏勺捞起，放于不锈钢网上铺开，尽量不要堆积，下面放一接油槽进行沥油。

3. 调香：将干辣椒剪成1cm长短的小段，并去籽，然后混入干花椒，将其置于160℃的油锅中炒制0.5min，起锅后冷却，并在其中加入五香粉、食盐、芝麻、味精制成麻辣调料，并均匀地与已经油炸好的兔丁充分混匀，调味，使之达到醇和。

4. 真空包装：将已经加工完成的兔丁，按每袋100g装入塑料袋（采用聚丙烯复合薄膜袋）中，误差控制在2%以下，装袋时应注意防止玷污袋口，以免影响封口质量，降低密封强度。真空封口：采用软包装真空封口机进行热封，热封温度为180～210℃，热封时间6～7s，真空度在0.19MPa以上。

●（二）灯影兔肉●

“灯影牛肉”是四川具有上百年加工历史的传统名产，成品片薄如纸，可透灯影，故名“灯影牛肉”。香脆可口，落口消融，风味独特，是深受大众喜爱的方便营养食品，至今仍畅销不衰。在非重组型肉脯加工中，根据兔肉特性，以兔肉为原料加工同类产品，并根据兔肉特性对灯影牛肉传统配方及加工方法进行调整，生产出片薄透影、香脆可口、清香味美、独具风格的“灯影兔肉”。

1. 工艺流程：原料肉选择→清洗整理→嫩化固型及切片→调料腌制→ 铺片烘干→烘烤熟化→冷却包装→ 检验、成品。

2. 操作要点：

（1）原料肉选择及预处理：选择肥壮肉兔，经宰杀、剥皮、去内脏、剔骨后获得胴体，取其背腰肉和后腿肉最佳，剔骨时尽可能保持肉块完整。

（2）嫩化固型及切片：将新鲜兔肉置于 2 ~ 4℃下冷藏 2 ~ 3d，使兔肉中含有的蛋白酶发生一系列生物化学反应，降解蛋白质等化学成分，改善兔肉风味，提高嫩度。兔肉肌肉块形较小，难以切成薄片，将冷却成熟的兔肉冻结至 -5℃左右固化成型后，可以比较容易地切成均匀的薄片。

（3）调料、腌制：

①配方（以兔肉 100kg 计）：食盐 1kg、白糖 1kg、辣椒粉 0.6kg、花椒粉 0.6kg、鲜姜 4kg、五香粉 0.4kg、味精 0.2kg、黄酒 10kg、β-环状糊精 0.03kg（包埋兔肉通常具有的草腥味等不良风味）。

②腌制：将兔肉与各种辅料拌和均匀，腌制 15 ~ 20min 左右。

(4) 铺片烘干：将腌制好的肉片均匀平铺在烘盘筛网上，铺片时片与片相接，不重叠也不留空隙，使之连成一片。入干燥箱，在 65℃下烘干 3 ~ 5h，至肉片水分为 18% 左右时取出冷却，期间要翻动肉片 2 ~ 3 次。

(5) 烘烤熟化：干燥的肉片再放入红外线烤箱，于 120 ~ 140℃烤制约 5min，使肉片油亮红润并完成熟化。出箱后用压片机将肉片压为均匀平整的薄片，再按规格要求切为长块或条状。

(6) 冷却、包装：肉片经拣选合格后，放入无菌室冷却后真空包装。如用灌装可再添加适量芝麻油和芝麻。

六、其他兔肉制品

(一) 麻辣风味兔肉

1. 工艺流程：原辅材料选择→宰杀→剥皮→去内脏→浸漂→腌渍→预煮→烹煮调味→浸汁→装袋→封口→杀菌→成品。

2. 操作要点：

(1) 原料选择：选择非疫区集中养殖的，或散养的健康成熟家兔作为加工料，单只质量为 1 000g 左右；如果选用冷冻兔肉作原料，其冷冻的时间不超过 6 个月，各种指标应符合国家冷冻肉品的要求。如冷贮时间过长，制品色泽不鲜，甚至有异味等缺陷，均不得投入贮藏品加工过程，同时还要

求进行解冻处理。辅料一律选购优质料，残次品及劣质辅料禁止进入加工过程。

(2) 宰杀、去内脏：采用锋利尖刀刺杀兔颈部血管，操作过程中应将血放尽，然后去皮，除净内脏和脚爪，清洗干净，避免发生交叉污染；将开膛取内脏后的兔肉放入1%的盐溶液中浸漂30min，浸漂水应保持流动。

(3) 原料切块：兔肉应无毛、无污染、无杂质、无异味，将兔肉斩成2～3cm小的块；也可视包装容器而制定切块标准，块形要一致美观。

(4) 腌渍：原料中加入食盐、花椒、葱、姜、黄酒适量，拌匀腌渍。根据季节的不同调整腌渍时间，一般情况下，夏天腌渍1h，冬季腌渍2h。

(5) 预煮：预煮的目的就是脱水，预煮时肌肉中蛋白质受热后逐渐凝固，属于肌浆部分的各种蛋白质发生不可逆变化而成为可溶性物质，随着蛋白质凝固，亲水胶体体系遭到破坏而失去持水能力，因而发生脱水作用。由于蛋白质凝固，使肌肉组织紧密，形成具有一定程度的硬块，同时能杀灭肌体上附着的一部分微生物。预煮时水与肉的质量比为1.5∶1；以淹没肉块为准。预煮时间视肉块大小而定；为减少有效物质的流失，可用少量原料分批投入沸水的办法，使表面蛋白质立即凝固，形成保护层，从而减少损失；要求预煮到肉块中心无血水为准。

(6) 调味：制作麻辣兔肉调味料的选择离不开辛辣物质，调味汤料的具体制作方法是：将花椒5g，桂皮5g，老姜50g，孜然适量，草果5g，砂仁4g等香料装入布袋中；汤煮沸后加入泡椒 50g，姜 50g，精盐 40g，葱白、酱油等适量，将香料包投入汤中熬制 40min 后加入兔肉块，与汤料混合煮制 30～50min。煮制结束时加入适量白糖和味精、6g 的紫草色素，白酒和黄酒在煮制中加入，将琼脂溶化后加入浸汁桶中。烹煮时先用大火，然后改微火，尤其注意每次烹煮完毕，将汤去尽浮油等杂质，妥善保管老汤。

（7）浸汁：浸汁桶内的汤料应根据情况增添食盐、味精、白糖等，并拌匀，在室温下，浸汁时间一般为 5h。

（8）密封：认真检查封口质量，对封口不良的，要重新装袋封口；装袋时应防止油渍污染袋口。

（9）杀菌：先将产品置入 80℃左右水温的锅中，装肉量 80% 左右，然后用蒸汽升温至 120℃进行杀菌。

●（二）发酵兔肉●

1. 工艺流程：冻兔肉→解冻、清洗→切块整理→煮制→沥水冷却→入坛、接种→发酵→包装→杀菌→成品。

2. 操作要点：

（1）切块整理：将解冻后的兔肉切成长 3～4cm、宽约 2cm、厚约 1.5～2cm 的肉块（带骨或剔骨均可）。

（2）煮制：将肉块放入沸水中煮至 2～3min，煮制时间不能太长，否则肉块易收缩变小，产品肉质变硬。

（3）沥水冷却：从沸水中捞出肉块，放入清水中冷却，漂净油脂后沥干水分。

（4）腌渍液制备：将自来水烧开晾至室温，按质量百分比加入 4%～5% 的食盐和 3% 的白糖溶化待用；如要放入香辛料，可将香辛料用棉纱布包好，与自来水一起煮沸后冷却。

(5) 入坛、接种、发酵：将肉块与腌渍液按体积比1∶2装入陶瓷坛，注意要使肉块浸没在液面下；然后接入活化扩大培养好的菌液，盖好坛盖，并水封于36℃下发酵16～20h。

(6) 加热灭菌：产品包装后在0.11MPa、121℃条件下，灭菌25min。

(三) 兔肉糕

1. 工艺流程：原料肉选择及处理→绞肉→拌料斩拌→成型→蒸煮→冷却、脱模→干燥→真空包装→成品。

2. 操作要点：

(1) 原料肉选择与整理：选择经严格检疫合格、中等膘情的肉兔胴体，用清水漂洗干净，剔除骨、筋膜、肌腱、淋巴结等，切成小块。

(2) 绞肉：用3～5mm孔径的绞肉机将处理好的兔肉绞成肉糜，绞肉时肉温控制在10℃以下。

(3) 拌料、斩拌：

①拌料配方：原料肉（兔肉∶猪肥膘=7∶3）100kg、食盐3kg、白糖1.5kg、味精0.1kg、曲酒0.5kg、亚硝酸钠0.01kg、复合磷酸盐0.3kg、大豆分离蛋白3kg、变性淀粉7kg、复合香辛料1kg、异抗坏血酸钠0.05kg、β-环状糊精0.05kg。

②斩拌：是兔肉糕生产中关键的过程，是肉糜的乳化工序。斩拌时首先应确定斩拌顺序，其顺序为先将大豆分离蛋白放入斩拌机中，加4～5倍冰水斩拌1～2min；放入绞碎后的肉糜，并添加冰水，斩拌2～3min；然后加入各种调味料、香辛料、添加剂，继续斩拌1～2min；最后添加淀粉和猪肥膘

斩拌 1～2min；添加脂肪时，应一点一点地添加，使脂肪均匀分布。其次，斩拌过程中，应严格控制斩拌温度，斩拌时，由于斩刀的高速旋转，肉料的升温不可避免，但肉料过度升温会导致肌肉蛋白质变性，降低其工艺特性，实际操作过程采用添加冰屑降温，斩拌终温控制在 8～10℃，兔肉糕产品质量最佳。最后，要严格控制斩拌时间，整个斩拌操作应控制在 6～8min。

（4）成型：将斩拌后的肉料，装入方形（长、宽、高分别为 10cm、5cm、2cm）或圆形（直径 10cm，高 2cm）的不锈钢板模具中，制成肉糕，装模时应保持平整，并且压实。

（5）蒸煮：将成型的肉糕料胚，放在夹层锅中，蒸汽蒸煮 20～30min。蒸煮的作用主要是使蛋白质适当变性，形成水合蛋白质凝胶体，使制品得以定形；杀灭微生物营养体，保证制品卫生安全；形成特有的蒸煮风味。

（6）冷却、脱模：将蒸煮后的肉糕模具放入流动水中冷却至中心温度 27℃以下，然后送入 0～7℃冷却间内冷却至产品中心温度 1～7℃，再脱膜进行包装。冷却的目的是消除蛋白质胶凝体的热塑性，防止产品在以后的工序中变形、破损。

（7）真空包装、贮藏：将蒸煮冷却后的兔肉糕，装入真空包装袋内进行真空包装，热封温度 160～200℃，热封时间 3～4s，真空度为 0.1MPa。兔肉糕经真空包装后，再用塑料薄膜包装后，在0～4℃条件下贮藏，保质期可达 2～3 个月。

七、兔肉的食疗方法

●（一）肥胖症、高血压、动脉硬化患者的食疗●

1. 带骨兔肉一只，灵芝50g，共煮汤食用。

2. 带骨兔肉一只，冬瓜1 000g，共煮汤食用。

●（二）脾胃虚弱、湿浊带下●

大果卫矛（白鸡瑾）50g，白鸡冠花25g，白木瑾50g，美丽胡枝子25g，截叶铁扫帚15g，三白草25g，兔肉1 500g，民间俗称“六白汤”。

●（三）肝血不足、头眩晕、目暗昏花患者的食疗●

兔肝数具，熟地50g，共煮汤食用。

●（四）目痛、夜盲症患者●

兔肝数具，苍术40g，胡萝卜500g，共煮汤食之。

●（五）祛湿利尿、舒筋活血●

兔肉1 500g，扶芳藤25g，鸡矢藤根15g，薜荔根25g，锦鸡儿根30g。

●（六）脾胃虚所致的少食、乏力、口渴、消瘦、体弱●

带骨兔一只，淮山药200g，党参30g，黄芪30g，共煮汤食用。

第二节　兔粪综合利用

近年来，我国家兔的养殖量迅速增长，规模化养兔场数量大幅增加，一只成年兔每年排泄粪便超过100kg。由于其粪便中富含氮、磷以及寄生虫和部分致病微生物，如果不加以处理，会造成水源及土壤污染，严重影响环境卫生和人类健康。同时，兔粪作为一种高效的有机肥料，具有很高的利用价值，每100kg兔粪中氮、磷、钾及有机质含量分别为25.55g、5.07g、6.59g、660.4g，含量均高于其他家畜粪便。据测算，每100kg兔粪相当于硫酸铵10.85kg，过磷酸钙10.94kg，硫酸钾1.79kg的肥效。焚烧和填埋一直是兔粪处理的主要方式，不仅污染环境，还会传播病原菌，这些利用方式也浪费了宝贵的资源，合理有效的利用方式是将兔粪通过加工灭菌，变成有机肥料或饲料。

一、兔粪的资源利用及无害化处理原则

（一）利用

为保证所获得的兔粪是安全的才能作为资源利用，同时为保证兔粪的利用值，兔粪的收集过程必须遵循“净”、“少”的原则。“净”，首先是作为资源利用的兔粪必须来自非疫区、非疫场，即使是来自本兔场的兔粪也应剔除病兔粪。其次，要剔除兔粪中的一切杂物（包括泥土、碎石、树枝等）。“少”，就是在饲养管理家兔过程中就应该设法降低兔粪的含水量（如采取粪尿分离、干湿分离、避免饮水器滴漏、杜绝带粪冲洗等措施），以减少兔粪的加工程序与费用。

（二）处理

疫区、疫场的兔粪带有病原体（含微生物、细菌）寄生虫（幼虫、虫卵）、药物残留（抗生素等药物），严禁作为饲料利用，唯一途径就是通过高温、高压、化学（含沼气）处理后，确认无疫病传播后才可作植物肥料使用。

二、兔粪的饲料利用

兔粪具有较高的营养价值。据美国《家兔实用研究》报道，风干兔粪中含水分：7.9%、干物质92.1%。无水兔粪含粗蛋白质20.3%（其中可消化粗蛋白质5.7%）、乙醚浸出物2.6%、粗纤维26.6%、无氮浸出物40.7%、矿物质10.7%。2kg兔粪粗蛋白含量相当于1kg苜蓿干草。因此，把兔粪作为一种新的饲料资源加以开发利用，具有重要的现实意义。利用兔粪作饲料，其经济价值可观，按常规计算，一只成年兔的粪肥，仅作为饲料就能增加收入10～15元。人们通常将兔粪先行加工处理（如清理、灭菌、发酵等），以提高兔粪的安全性、适口性，然后根据不同的畜种采取不同的添加方式和不同的比例。除此以外，还要在肉食动物上市前20d停止饲喂兔粪饲料。

(一) 养牛

兔粪喂牛相对简单，将新鲜兔粪与精料伴和稍作发酵就可与饲草一同饲喂，牛肯吃且上膘快。要点是必须保证动物的饮水供给和定期驱虫。

(二) 养猪

把兔粪作为一种新的饲料资源加以开发利用，具有重要的现实意义。兔粪喂猪报道较多，通常是将兔粪煮沸后喂猪。用一口大锅烧开水（按水粪1：2比例加水），将捡去杂质的新鲜兔粪放如锅内煮沸5～10min，再加入混合精饲料（兔粪占30%～40%，精饲料占60%～70%）继续煮沸3～5min，

并将兔粪球搓开搅拌，使粪料混合均匀，成稠粥样。待温凉后即可饲喂，每天可喂3~4次。用兔粪喂肥猪，每头可节省50~100kg混合精料，喂母猪每只每年可节省混合精料175kg。15~20只成年兔粪可供一头母猪食用。

兔粪发酵后养猪：将新鲜兔粪去掉杂物（土块、石子），与青饲料拌和。兔粪与青饲料的比例为3：1。加入1%食盐和适量水，最好再加入微生态制剂（如EM菌）。加水量以手握紧混合料手指间略见水而手松后又散开为度。装缸压实，一般装八成满，最后将缸口用塑料薄膜或黏土封严发酵。发酵后的兔粪饲料松软，有酒香味，猪比较喜欢吃。发酵饲料的配方中要尽可能多添加些能量饲料，如玉米、大麦、小麦、糠麸等，这有利于微生物的快速扩繁。发酵饲料喂猪（宜占日粮的15%~20%），要掌握少喂勤添的原则，以避免饲料浪费，同时还能使猪始终保持旺盛的食欲。

（三）养肉用仔鸡

美国科技人员将120只1日龄肉用仔鸡雏分为4组，用兔粪代替日粮中的玉米，分别配成含兔粪0%、10%、15%和20%的试验日粮，所有试验组日粮中能量、蛋白质含量相同。饲喂8周后，各组只均重分别为2 131、2 139、2 135g和2 032g，料重比为1.85、2.10、2.14和2.29，无显著差异，多次试验表明，兔粪的代谢能或许低些，但却是良好的蛋白源。在河北省藁城畜牧场用干兔粪代替17.5%玉米喂艾维因肉鸡试验，试验组与对照组无明显差异，说明兔粪可以代替部分玉米饲喂肉鸡。

（四）养蚯蚓

许多养兔生产者在兔粪的粪床内生产蚯蚓，但粪床不可放在兔笼的下面及兔舍内。作为蚯蚓的饲料，需对兔粪进行一定的加工，鲜的兔粪不能直接用作饲料，通过干、湿2种发酵方法，均能达到目的。干发酵是不用洒水直接发酵，湿发酵是通过拌入一定比例的水进行发酵，虽然干发酵比较易于贮藏，但使用前需加入一定比例的水进行搅拌并存放。湿发酵仅需发酵，便可作为饲料饲喂蚯蚓，但仅使用兔粪饲喂还不足以满足需要，最好能收集一部分猪、鸡、牛的粪便共同发酵饲养效果会更好。具体做法是：当气温达到15~20℃以上，挖宽30~50cm、深40cm的长沟，沟内放20cm厚的兔粪，然后盖上20cm的土，最后均匀地洒透水，等到15~20d，就可挖到蚯蚓了。据报道，用发酵兔粪养殖蚯蚓，平均能增重40多倍，效果十分明显。

（五）养鱼

兔粪养鱼也是农村常用的兔粪综合利用方法，鱼塘放入兔粪，能增加磷素，肥了水中微生物和水草，间接为鱼提供了大量的优质蛋白和饲草，提高水产品的产量。具体方法是：把清扫出的新鲜兔粪堆积发酵，然后直接撒在鱼池里，鲜兔粪按每10m^{2}水面1kg兔粪，每5~10d撒一次，也可将经过发酵的兔粪（20%）与配合饲料（80%）混合饲喂。河北省涉县畜牧水产局曾用家兔屠宰下脚料喂鱼，大大提高了产量。方法是：将屠宰下脚料（包括胃肠道中的粪便）放入锅中，加水煮熟后再加入玉米面、麸皮、谷糠等，继续煮沸5min

（下脚料占60%、混合精料占40%左右），使之成为稠粥样。取出放在水泥地上再掺入一部分玉米面、麸皮、谷糠等组成的混合精料，晒干制成颗粒饲料喂鲤鱼，适口性好，生长快，经90d饲养，使鲤鱼每公顷产量增收50%左右。

三、兔粪作种植肥料

兔粪对农田有压碱、松地、耐涝、作物抗旱等作用。据研究，兔粪约含氨3.7%，磷1.6 %，钾3.5%，分别比牛粪高0.8%、0.9%和1.4%；比鸡粪高10.0%和2.5%。据报道，1只成年兔年积粪100～150kg，相当于化肥23～34.5kg，其中相当于硫酸铵11～16.5kg，过磷酸钙10～15kg，硫酸钾2～3kg，且能改良土壤团粒结构，提高土壤肥力，对作物增产效果明显。据报道，用兔粪尿等堆积的粪肥，可使粮食亩产增收200kg，皮棉亩产增加60kg左右。用兔粪液喷施农作物，可有利于叶面吸收和提高农作物总产量。据报道，将兔粪碾碎，按1∶7的比例与开水混合，冷却后过滤，然后将小麦种浸在兔粪水中，24h后播种，可明显提高小麦产量。

●（一）作基肥●

将兔粪与杂草、淤泥等混合堆积（边堆边加水，使其含水达50%）、压实，形成一个圆锥型，然后用泥浆或塑料布将表面封严。经过1～2个月的发酵后就发现堆肥颜色变褐色，没有了原来的臭味，质地变松软，这就可作为植物基肥使用。用兔粪肥料用作稻、麦基肥，能明显增产；用作桃、瓜基肥，口味明显改观。

1. 种蘑菇：传统的食用菌栽培方法一般是采用棉籽壳作培养基，种菇成本太高，效益相对低。以兔粪为主，添加农作物秸秆作为培养基的科学栽培法能生产出营养丰富、味道鲜美的食用菌产品，而利用兔粪种菇，既能解决兔粪露天堆放容易对环境造成污染的问题，又以富有营养的鲜菇填补了冬春季节蔬菜市场种类的不足。

培养料按兔粪与农作物秸秆 1∶1 的比例加入 3% 的生石灰粉搅拌均匀，装袋接上栽培菌种，菌种用量在 10% ~13% 为宜。中秋节前后播种，经 15 ~ 20d 的发酵时间，就可采收上市出售。在中等管理水平下，以兔粪、农作物秸秆的干物质为标准计算，鲜菇生物转化率可达 200%，也就是用 0. 5kg 干料可生产转化出 1kg 鲜菇。由于兔粪中含有大量的 B 族维生素和未消化物质，有机质含量高、营养丰富，利用兔粪种菇时不用像常规栽培法那样添加尿素、磷酸二铵、复合肥等化学肥料，所采收的鲜菇纯属绿色天然保健食品。

2. 种小麦：利用兔粪种植小麦，是通过发酵的兔粪尿对小麦浸种，改善小麦种子的营养，促进小麦苗全苗壮，陈兔尿浸种 2h 以上，可以使小麦发芽早，长势好。据统计，利用兔粪液浸过种的小麦，可以增产 9. 2%。

3. 养花：兔粪是很好的有机农肥，含 氮、磷、钾高，是养花的好肥料。具体做法是：将 5kg 兔粪清除粪中杂质和兔尿液，拌入 5kg 黑土或黑沙土，与粪拌均匀，用原塑料袋封装，存放在 25 ~ 30℃ 室温或太阳下存放，直至发酵后贮存。需用时取 100g 的发酵兔粪投入 1 000mL 的瓶装清水里盖严，3 ~5d 后，兔粪溶解，粪液对水一倍浇花，达到花盆土湿透但不流淌为止，半月浇洗一次。兔粪养花效果好，花叶深绿亮光，花期也增加。

（二）作叶面肥

叶面肥就是通过作物的叶片为作物提供养分的肥料。其好处是：快速有效补充营养成分，且作物吸收快、作用强，同时还能杀灭蚜虫、红蜘蛛等害虫。兔粪加工叶面肥的方法是：将兔粪与水1：9放入锅内煮沸10min，然后将兔粪液冷却，用筛网滤掉渣滓，将上清液装瓶保存。用时可按液水1：5的比例装喷雾器喷洒植物叶面使用。喷洒以8：00～16：00为宜，要尽量避开雨雾天使用。

苹果树叶面喷施鸡、兔粪浸出液，效果明显好于喷布0.5%的尿素溶液，并可避免土施鸡粪易生蛴螬的弊端。据试验：喷布0.5%尿素液的坐果率为20.4%；喷鸡粪、兔粪浸出液的坐果率分别为27.7%、27.1%，并且枝梢粗壮，叶片浓绿肥厚。春梢停止生长早，花芽分化进程快，果实个大，风味浓郁，含糖量高。具体做法是：将充分干燥的鸡粪或兔粪1份轧碎放入缸内（轧的越细碎浸提得越完全）加5份清水混匀制成浓度为20%的母液。缸口用塑料布封严，置于避风向阳处发酵，每隔4～5d搅拌1次。经过2～3周的发酵，母液就可充分腐熟。腐熟的母液，其表面长有大量的霉状物。将母液过滤，然后每1kg母液加水1.5kg稀释，即可用于叶面喷施。整个生长季节共喷5次，第1次在盛花前，冀东地区在4月中旬；第2次在新梢旺长期（5月中旬）；第3次在春梢缓慢生长期（6月下旬）；第4次在7月下旬；第5次在8月中、下旬。

四、其他用途

（一）能源利用

成年兔一年的粪尿可产 12m³ 沼气，兔粪经厌氧细菌发酵分解，能有效杀灭有害微生物并生产沼气。沼气属新能源开发利用，能有效节省人们的能源开支，减少树林砍伐，对保护生态环境，消除粪尿污染非常有效。沼气全年的利用可达 8～10 个月，每立方米沼气可满足 4～5 口人家做饭之用。此外，沼气还能点灯供照明，较大的沼气池还能开发沼气发电用。兔粪开发沼气，是一项利国、利民、利子孙后代的大好事。瞿伯以用 84 个笼位的兔粪为沼气原料，建筑 6m³ 投料发酵池和 1 立方米的出料池，两池相通，发酵池与兔舍的粪沟相连，出料池把多余的粪水溢出。11～12 月每天产气 15～29cm 水柱高，约 0.18m³。平均昼夜产气 20～50cm 水柱高。可用于沼气灯、炉、红外线辐射等。东台市唐洋种兔场养兔 112 只，建一座兔粪沼气池，供全场照明、烧饭，沼气渣还田肥田。

（二）土农药

兔粪有杀虫灭菌、抗旱保墒等作用，是一种无公害的土农药。施用兔粪尿的土壤，能减少蝼蛄、红蜘蛛、黏虫等地上和地下的害虫。兔粪制剂具体制作方法：每 1kg 兔粪加 10kg 水，装入桶内密封沤制 20d，用时搅拌均匀。兔粪制剂浇在瓜菜根部可以防治蔬菜病虫害。用兔粪熏烟可杀死僵蚕

菌，使蚕茧丰收。

五、兔粪的处理方法

经过堆肥处理的兔粪，可以用于以上介绍过的养殖、种植业等领域。此外，还可以通过煮沸或喷洒 EM 菌剂处理兔粪，效果也非常好。

（一）兔粪堆肥技术

相比于厌氧堆肥，好氧堆肥对粪便的处理更彻底，并且厌氧堆肥发酵速度慢，密闭容器较难选择，产生的发酵物有酸味，兔粪堆肥，多采用好氧发酵，好氧发酵的产品不含病原菌，无臭无味，有机物变成腐殖质后，不但利于植物吸收还保护了环境。

1. 堆肥选料和堆肥方式：兔粪的碳氮比较小，可以单独堆肥，也可以与秸秆、杂草、淤泥等按照一定比例混合堆肥。首先要去除金属、塑料、玻璃渣和木材等杂质，按照设定的碳氮比进行调配。按照定好的重量，将兔粪堆成圆锥体，堆体体积不宜过大，否则影响发酵效果，如果有条件，可以在堆体下面放置纱网，离地约 10cm 便于通风，后期不用翻动。发酵过程中，遇到下雨需增加防水设施，避免雨水淋湿。

2. 堆肥过程：采取一次堆肥或者二次堆肥均可。利用二次堆肥的方法可以使原料发酵程度更高，效果更明显，一部分在一次发酵过程中没有完全腐熟的有机物基本在二次发酵中均能得到有效分解。在堆肥初期，堆体温度从常温逐渐上升到 40℃，分解底物以糖类和淀粉为主，当温度在 40 ~ 45℃

时，进入高温阶段，此时嗜热微生物成为主导菌群，这个时期大量的纤维素和蛋白质被分解，与其他动物粪便的堆肥一样，是最佳的堆肥温度。多数微生物在这个温度下最为活跃，分解效果最好，能够杀死病原菌和寄生虫，随着温度的升高，大部分微生物进入死亡或休眠阶段，由于微生物活动性的降低堆体温度开始下降并趋于稳定，这个时期为腐熟时期。一次堆肥时间大约为30d，如果温度超过65℃，需要进行翻堆处理以降低温度。腐熟的兔粪颜色为褐色，且没有臭味，质地松软，如果要继续进行二次堆肥，可以原地继续堆置，或者送至发酵室堆成1～2m高的堆垛继续发酵并腐熟，时间为20～30d。

3. 堆肥后处理及贮存：堆肥后，要对发酵熟化的堆肥进行再处理。兔粪堆肥因其质地较为细腻，经过前期筛选一般不需要进行后处理，发酵完成的兔粪可直接存放，也可以袋装，存放地点要注意通风干燥。

4. 堆肥需要注意的问题：一是要做好原料处理，如果要加入一定数量的秸秆，尤其是玉米秸，要首先粉碎成5cm长的碎段，这样才能充分吸水浸泡。二是要注意水分控制，水对于微生物的新陈代谢来说必不可少，如果堆体温度过高水分蒸发还有降温的作用，但如果水分过高，会导致通风受阻，影响发酵，所以要保证堆体内水分的适量均匀。一般兔粪堆体以保证最大含水量的60%～70%为宜，尤其要防止堆置浸润过程中的水分外流。三是注意控制堆体温度，做好通风，不但能够促进微生物的繁殖，也是控制温度最有效的手段，如果有条件可将堆体放置于纱网上，能够达到良好的通风效

果，虽然初始水分和C/N在合理范围内均能正常发酵，但如果温度上升速度较快，则要进行翻堆处理；另外，堆肥的环境温度不能过低，如果低于5℃很难启动发酵。

（二）喷洒EM菌发酵

对于环境温度较低的北方地区，喷洒EM菌剂对兔粪进行发酵处理效果更好，含有多种发酵菌的EM制剂，对于快速启动发酵，降低环境影响效果明显。发酵好的兔粪同样可以作为饲料和肥料使用。

1. 发酵过程：先将兔粪进行处理，将兔粪粉碎，加入一定量的豆粕或玉米面，再加入一定量的水，以用手紧握指缝有水滴渗出但不下滴为宜，使兔粪混合物的含水量达到60%～65%喷洒用红糖水拌过的EM菌剂放入发酵池进行发酵。在常温状态下，发酵5d以内即可，如果温度较低，需延长发酵时间，温度在10℃以下，需要发酵10～15d。发酵好的兔粪可以直接作为肥料使用，也可以添加到饲料中饲喂动物，另外，EM菌剂也可以直接喷洒到粪便表面用于改善兔舍的环境。

2. 注意事项：一是如果要将发酵好的兔粪作为饲料或肥料使用，必须在密闭状态下进行且随用随取，即刻密封，这样可以保证发酵好的兔粪数月不变质；如果没有条件密封保存，需要在7d内使用完。二是要注意原料兔粪的选择，病兔的粪便不能使用，还要尽量排除抗生素、杀菌剂对EM菌剂的抑制。三是发酵时间要充分，发酵好的兔粪有酒曲味道，完全没有酸臭的感觉，如果未充分发酵，就不能充分杀灭有害菌和寄生虫，也不利于动植物的吸收。四是兔粪量要适当，

不能完全填满，否则排出的气体容易涨破容器。

●（三）其他处理方法●

1. 干燥法：将不发霉、无污染的兔粪晒干、粉碎，在干净的水泥地面上铺成很薄的一层，暴晒3h以上，当水分降到10%以下时粉碎，然后按比例拌入饲料中喂猪。这种方法适用于小规模的兔场，夏季多采用此法。

2. 浸泡法：把晒干的兔粪粉碎后装入缸、盆等容器中，加入沸水搅拌，调成糊状投喂。

3. 煮沸法：收集新鲜兔粪，然后加入麸皮等饲料，煮沸10～15min，拌入饲料中喂猪。此法多用于冬季。

4. 化学处理法：主要是用一些酸碱试剂，利用化学反应处理兔粪。将自然干燥粉碎后的兔粪按每千克兔粪加入4%的苛性钠水溶液2kg浸泡，或均匀拌入0.1%甲醛溶液200mL，喂时再行晒干。此法可杀死兔粪中的病原微生物，但不会破坏营养成分，提高营养价值和增加畜禽对兔粪的进食量。

5. 碱液处理法：把晒干粉碎的兔粪装入缸内，按50kg兔粪加入4.0%的NaOH水溶液100kg的比例浸泡24h，捞出后放入清水中，沥干后即可用于喂猪。

6. 酸发酵法：将兔粪暴晒2～3d，粉碎后喷洒开水，加水量以兔粪手握成团落地即散为宜，然后装入水缸或塑料袋内，压紧封严进行厌氧发酵。当发酵温度达到40℃即可使用。夏天一般需要1～2d，冬天时间稍长一些。此法既可杀菌，又能提高兔粪的适口性。

堆肥和喷洒EM菌剂是最有效的实现兔粪再利用的途径，兔粪作为一种优质的饲料和肥料，必须加强利用，对减少环

境污染，降低种植，养殖成本都有非常积极的作用。

第三节　兔皮综合利用

随着野生动物保护法在全世界的贯彻执行和人民生活水平逐步提高，对轻、软、美、暖、物美价廉的兔皮的需求量与日俱增。为了提高兔产品的价值和饲养者的经济效益，必须熟练掌握毛皮的加工利用技术。家兔经屠宰后剥下来的毛皮未经鞣制加工前称为生皮，即原料皮；生皮经鞣制后称毛皮或裘皮，经脱毛鞣制成的产品称为革皮。兔皮主要用来制裘，在脱毛季节的皮以及残次皮可经脱毛后制成革。

一、影响兔皮品质的主要因素

影响兔皮品质的主要因素有以下几个方面。

（一）品种

品种是决定兔毛质量的关键因素之一，品种遗传性不同的家兔，兔皮的质量差异较大。如遗传性不稳定，除出现异色个体外，其后代被毛极易出现杂色、色斑、色带、绣色和吊肚等缺陷。

（二）宰剥年龄

宰剥年龄对毛皮质量影响很大，一般是成年兔比幼龄兔好，但品种不同，适宜的剥皮年龄也不同。4 月龄前的幼龄兔，绒毛不够丰满，胎毛脱换未尽，板质轻薄，商品价值不高；5 ~6 月龄的壮龄兔，板质厚薄适中，绒毛浓密，色泽光润，质量最佳；老龄兔皮板质厚硬、粗糙、绒毛空疏、枯燥、

色泽暗淡，商品价值很低。一般肉用兔的适宰月龄3.5～4.5月龄。

(三) 剥皮季节

剥皮季节对青年兔影响不大，对成年兔、老龄淘汰兔影响显著。以冬季（11月至翌年2月）为佳，因为冬季气候寒冷，冬皮的毛绒丰厚，毛面整齐，色泽光润，板质厚实。春皮（2～5月）质量较次，因为正处于换毛季节，毛长而稀疏、底绒空疏、毛面不整齐、油性不足、皮板带红色，品质较差；秋皮（8～11月）虽然毛板稍厚，光泽较好，富含油性，但毛短而空疏，皮质也不理想；夏皮（5～8月）质量最差，皮板厚而硬，呈暗黄色，毛短而粗硬，底绒空疏，使用价值低。

(四) 饲养管理

饲养管理好的家兔，兔体健壮，兔皮质量好。饲料中蛋白质不足，会导致短芒和引起纤维强度下降，维生素和微量元素缺乏，会导致被毛褪色、脆弱，甚至脱毛。此外，饲养管理不好，兔体瘦小，被毛不洁，被粪尿污染或患寄生虫病，或兔子互相撕咬受伤等都会影响兔皮的质量。

(五) 加工贮存技术

加工技术不当回产生刀洞、歪皮、偏皮、缺材、受闷、撑板和折裂伤、皱缩板等；贮存保管不当，则会出现霉烂、虫蛀、油烧、陈皮、烟熏等缺陷。

二、兔皮特点

(一) 鲜皮成分

组成兔皮的化学成分主要为水分、脂肪、无机盐、蛋白质和碳水化合物等。了解兔皮的化学成分和理化性质，对兔皮的加工、鞣制具有重要意义。

1. 水分：刚剥取的兔皮含水量为65%～75%，而幼龄兔皮的含水量高于老龄兔，母兔皮含水量高于公兔皮；表皮层含水量较少，真皮层含水量较高。鲜皮中的水分，随着干燥时间的延长，水分大量散失，形成过干生皮，由于胶原纤维结合紧密，加工浸水过程中就会导致充水困难，造成生皮难于浸软。

2. 蛋白质：鲜皮中的蛋白质含量占皮重的20%～25%，是毛皮的重要组成成分，结构和性质极其复杂。真皮的主要成分为胶原蛋白和弹性蛋白，胶原蛋白性质比较稳定，不溶于水、盐水、稀碱、稀酸和酒精，在鞣制过程中胶原蛋白经稀酸或其他鞣剂处理后，能保持柔软、坚固，因而，在生皮贮存期间或鞣制加工过程中，应尽可能防止胶原蛋白受损。弹性蛋白不溶于水、稀酸及稀碱溶液，但易被胰酶和饱和石灰溶液分解，鞣制加工就是利用这一特性来除去弹性蛋白，以增加制品的柔软性和伸长性。白蛋白、球蛋白、黏蛋白和类蛋白主要存在于血液、淋巴和纤维之间，白蛋白和球蛋白易溶于水、酸和碱溶液，遇热凝固；黏蛋白和类蛋白不溶于水和中性盐溶液，但能溶于稀碱溶液，可被酸性蛋白酶和黏蛋白酶分解。在兔皮鞣制过程中必须除去白蛋白、球蛋白、

黏蛋白和类蛋白，以利鞣剂、加油剂、染料等渗入皮内。

3. 脂肪：鲜皮中的脂肪含量占皮重的10% ~20%，主要存在于表皮层、乳头层和皮脂腺中，其次为网状层和皮下组织中。脂肪对兔皮的鞣制加工有极大影响，含脂过多的生皮，在鞣制前必须进行脱脂处理。

4. 碳水化合物：鲜皮中的碳水化合物含量占皮重的1% ~5%，从真皮层到表皮层，从细胞到纤维均有分布，有葡萄糖、半乳糖等单糖及糖原、黏多糖等。酸性黏多糖在基质中具有润滑和保护纤维的作用。

5. 无机盐：鲜皮中含有少量的无机盐，占鲜皮重的0.3% ~0.5%，主要是纳、钾、镁、钙、铁、锌等。一般表皮层中含加盐多；白色兔毛中含有较高的氯化钙和磷酸钙，深棕色兔毛中含有较高的氧化铁。

（二）兔皮的季节性特征

1. 春皮：一般是指立春至立夏的皮，春皮皮张底绒少而空，光泽度减退，板质较弱，略带黄色，油性不足，品质较差。

2. 夏皮：即立夏至立秋的皮，由于夏季气候炎热，春季褪掉冬毛后长出夏毛，所以夏皮皮张被毛稀短，光泽度差，皮板瘦薄，多呈灰白色；毛皮品质最差，制裘价值最低。

3. 秋皮：是指立秋至立冬的兔皮，秋季气候逐渐转冷，但饲料种类多而丰富，早秋皮张，毛绒粗短，皮板厚硬，带有少量油性；中秋季节兔皮毛绒逐渐丰满，有较好的光泽度，富含油性，板质坚实，毛皮品质较好。

4. 冬皮：即立冬至立春的兔皮，由于冬季气候寒冷，秋季换毛后全部褪换为冬毛，所以，冬季皮张，毛绒平整而丰

厚、光泽度好、板质厚壮、富含油性，特别是冬至到大寒期间的毛皮品质最好。

三、毛皮品质评定

（一）毛皮质量要求

1. 皮板面积：毛皮面积的大小关系到商品的利用价值，在品质相同的情况下，面积越大则利用价值越大。等内皮均不小于0.111m²，达不到标准者相应降级。量皮方法是自颈部中间至尾根量其长度，选腰间中间量其宽度，长宽相乘得其面积。

2. 皮板质地：评定皮板质地的基本要求是厚薄适中，质地坚韧，板面洁净，被毛附着牢固，色泽鲜艳。青年兔在适宜季节取皮，板质一般较好；老龄兔取皮则板质比较粗糙、过厚。

3. 被毛色泽：评定被毛色泽的基本要求是符合品种色型特征、纯正而富有光泽，无杂色、色斑、色块和色带等异色毛。管理不善、营养不良、疾病等因素会影响被毛的色泽。从目前市场收购及鞣制加工情况看，白色兔皮为最好，经鞣制加工和用现代染色技术染色，可仿制各种高级兽皮，生产各种款式的国际流行时装及室内装饰品和动物玩具等。

4. 被毛长度：被毛长度要求均匀一致，一般为1.77～2.11cm。影响被毛长度和平整度的主要因素有营养水平、取皮时间、性别等。营养条件越差，被毛越短且枪毛含量高；未经换毛的毛皮枪毛含量往往高于换毛后的适龄皮张；公兔

毛略长于母兔毛。

5. 被毛密度：被毛密度与保暖性能有很大关系，因此，要求密度越大越好。现场测定兔毛密度的方法是逆向吹开被毛，形成漩涡中心，根据漩涡中心露皮面积大小来确定其密度。如不露皮肤或露皮面积小于 4mm^2（似大头针头大小）为极好，不超过 8mm^2（约火柴头大小）为良好，不超过 12mm^2（约 3 个大头针头大小）为合格。

影响被毛密度的主要因素，除遗传因素外，主要受营养条件、年龄和季节的影响。营养条件越好，毛绒越丰厚，青壮年兔比老龄兔丰厚，冬皮比夏皮丰厚。

（二）一般兔皮的商业分级标准

1. 特等皮：具有一等皮毛质，面积在 1 110cm^2 以上。

2. 一等皮：毛绒丰厚、平顺，面积在 800cm^2 以上。

3. 二等皮：毛绒略空疏、平顺，面积在 700cm^2 以上。

4. 三等皮：毛绒空疏或略欠平顺，面积在 500cm^2 以上。

5. 等外一：具有一、二等皮毛绒、面积，带有伤残缺点，但不超过全面积的 30%；或具有一、二等皮毛绒，面积在 444cm^2 以上；或毛绒略差于三等皮而无伤残者。

6. 等外二：不符合等外一要求，但有一定制裘价值者均属之。

（三）兔皮鉴定方法

鉴定兔皮质量的方法，主要通过一看、二抖、三摸等步骤：

1. 一看：用两手扯起兔皮（一手捏住头部，另一手执其尾部)，仔细观察其毛绒、色泽和板质。一般先看毛面，后看板面，观察被毛的粗细、长短、色泽、皮形是否符合标准，有无淤血、损伤、脱毛等现象。

2. 二抖：用一手捏住头部，另一手执其尾部，然后用捏住尾部的一手上下轻轻抖动毛皮，观察被毛长短、平整度，以确定毛脚软硬，粗毛突出毛面或粗毛含量过多均应降级处理。

3. 手摸：用手指触摸皮毛以鉴别被毛弹性、密度及有无旋毛，用手插入被毛，凭感觉检查其厚实程度、弹性、柔软度等。

四、宰杀和取皮方法

(一) 宰前准备

1. 宰前检查：检查内容包括兔的营养状况、被毛状况、体重和健康状况。病兔或疑似病兔应转入隔离舍饲养和治疗，被毛没有长齐应饲养一段时间后屠宰。

2. 宰前饲养：候宰兔应小群饲养（按产地、强弱情况分群、分栏饲养)，保证休息，减少运动和应激。饲料应以精饲为主，青饲为辅，尤以玉米、小麦、南瓜等最为适宜，除此之外，还应添加一定的助消化药物和抗应激药物。

3. 宰前断食：宰前断食有利于屠宰操作，保证皮张质量，还可节省饲料，降低成本。宰杀前 8 ~ 12h 停止喂料，仅供给饮水。

(二) 处死

在农村分散饲养或家庭屠宰加工等小规模屠宰可采用颈部移位法处死，即左手抓住兔后肢，右手捏住头部，将兔身拉直，突然用力一拉，使头部向后扭转，兔子因颈椎脱位而致死；大型规模化屠宰场利用电麻法，用40～70V，0.75A的电麻器触及兔耳根部致死，此法可刺激心跳活动，缩短放血时间，提高宰杀取皮的劳动效率。有些小型兔场采用棒击法致死，用左手紧握待宰兔的两后肢，使头部下垂，用木棒或铁棒猛击其头部延脑部位，使其昏厥后屠宰剥皮，棒击时，动作须迅速、准确，否则兔子易骚动乱踢乱抓，发生伤害，此法易造成颈部出血而影响皮张和肌肉的质量。除此之外，还可以采用耳静脉注射空气，使形成血栓，阻止血液流动，造成心脏缺血，而使兔子死亡，此法对皮毛无任何损失，缺点是容易形成体内淤血，放血不全。农村地区常用尖刀割颈放血或杀头致死，易玷污毛皮和损伤毛张，不宜采用。

(三) 取皮

1. 挑裆：将左后肢用绳索吊起倒挂，以利刀切开跗关节周围的皮肤，沿大腿内侧通过肛门平行挑开皮肤，将四周毛皮向外剥开翻转，割断尾根，用倒扒皮法将皮脱下，抽出前肢，剪除眼睛和嘴唇周围的结蹄组织和软骨，将整个皮取下。剥皮时防止利刀损伤毛皮造成破洞，注意不要挑破腿肌或撕裂胸腹肌。

2. 放血：用利刀割断颈动脉，悬吊放血3～4min，不能少于2min，以免放血不全，影响兔肉品质。

3. 胴体处理：用利刀切开耻骨联合，分离出泌尿生殖器官和直肠，然后沿腹中线切开腹腔，取出全部内脏（除肾脏外），在前颈椎处割下兔头，在跗关节处割下后肢，在腕关节处割下前肢，在第一尾椎处割下尾巴，用清水洗净胴体上的血迹和污物。

五、原料皮的初加工

刚从兔体上剥下的生皮叫鲜皮，含有大量水分、蛋白质和脂肪，如不及时加工处理，很可能腐败变质，影响毛皮品质。

（一）清理皮板

剥下的生皮，常带有油脂、残肉和血污，应及时清理，家庭通常采用木制刮刀进行。清理中应注意展平皮张，刮脂时用力均衡，顺毛方向，以免损伤皮板；刮断毛根，应由臀部向头部方向进行。

（二）防腐

防腐是毛皮初加工的关键步骤，同时为防止虫蛀，需对鲜皮作杀虫处理。防腐的主要目的在于促使生皮形成一种不适于细菌和酶作用的环境，目前，常用的防腐方法，主要有干燥法、盐腌法和盐干法。

1. 干燥法：通过干燥使鲜皮中的含水量降至 12% ~ 16%，以抑制细菌繁殖，达到防腐的目的。其操作简单，费用低。鲜皮干燥的最适温度为 20 ~ 30℃，相对湿度 60% ~ 65%，可制成板皮或筒皮。

◆板皮：是将初处理后的鲜兔皮贴在稍粗糙的墙上，（要尽可能将其拉伸展成长方形）将边贴紧在阴凉处自然干燥。揭皮时顺势不要揭破。将鲜皮毛向外，皮板朝里拉成长方形贴在席上。或者毛向里，把皮板拉成长方形，沿毛边缘缝在席上，在通风阴凉处自然干燥。注意皮板一般不要晒，日晒后，易成油浇板；不宜浸水，也不能雨淋，否则易腐烂掉毛。

◆筒皮：将毛朝里，板朝外装入废纸、破布等使其内鼓起，也可选用长120cm、宽3cm的竹条，弯成弓型，套在皮筒里将其撑起，皮张下端用夹子或小绳扎好，不卷边挂起晾干，冬天可晾晒。上述方法简便易行，但易遭虫鼠害。

2. 盐干法和盐腌法

◆盐干法：是盐腌和干燥两种方法的结合。在稍倾斜的木板或水泥地板上撒上3cm厚的盐，然后在鲜皮板上均匀撒上占皮重30% ~50%的食盐，逐张放至1.5m高，使其出“水”，再进一步自然干燥6 ~8d即可。若长期保存，可二次倒垛，撒盐，二次盐量为鲜皮重的15% ~20%。注意该法所用的盐应以精盐为好，因海盐尤其是未经煮过的日晒海盐纯度差，含菌多，不但防腐效果差，而且易出现盐斑和红斑，故不宜使用。在夏季或炎热地区，利用此法效果好。

◆盐腌法：利用干燥食盐或盐水处理鲜皮，防止生皮腐烂。具体操作方法是：

（1）将鲜皮放入24% ~26%的食盐溶液，浸泡16 ~24h，然后甩干，将皮挂起晾干，其水分含量约为20%即可。

（2）将鲜皮放入含15% ~20%食盐、2% ~3%碳酸钠、1%硅氟酸钠的混合液中，腌制15 ~24h即可。取出把皮板垛在斜面上，半月打包收起。该法加工的生兔皮不僵硬、不生虫，回软充水好。

干燥法适合干燥地区或者是冬季及凉爽季节取皮，若在湿热地区或夏天屠宰的兔，采用自然干燥法，因气温高，潮湿多雨，腐败菌、致病菌繁殖快，引起毛松脱落。因此，可采用盐干法或盐腌法，以抑制微生物的繁殖，达到防腐的目的。

●（三）贮藏●

经防腐处理过的干皮，按等级、大小、分色捆扎或包装，装入木箱或洁净的麻袋内，平放在库房。库房要求地势高燥，库内通风、隔热、防潮，地面最好为木地板或水泥地，有防鼠、防蚁、防火设施。库房温度 5 ~ 25℃，相对湿度保持在 60% ~70%。一般情况下应每月检查 2 ~3 次。

●（四）包装运输●

包装可以保护皮张的质量，方便运输。包装材料多为麻袋、绳索、纸箱、木箱等，要求干燥清洁、无虫无腐、不断不漏、牢固结实。每包或每捆皮张要求品种和等级相同，包捆大小或重量按照皮张面积、重量而定，以方便搬运为原则。包装时将毛皮上的灰尘、肉渣等杂质清除干净，毛对毛、板对板打捆，每捆上下两种必须是板朝外，最好用竹片或蒲包覆盖，然后用麻绳或草绳扎两道，然后放入麻袋、纸箱或木箱中。公路运输必须备有防雨设备，以免中途遭受雨淋，凡是长途运输或长期贮存的皮张，包装时应撒防虫剂。

六、裘皮鞣制

鞣制的目的是使皮质柔软，蛋白质稳定，抗潮防霉，坚固耐用，以作优质制裘原料，提高肉兔综合利用价值。兔皮鞣制方法有很多，主要有铬鞣、明矾鞣、甲醛鞣和混合鞣等，其中以甲醛鞣和混合鞣较为简单实用。其原理主要利用兔皮纤维组织的多孔性，使鞣液扩散至纤维组织中，将生皮鞣制成柔软、丰满、皮板厚薄均匀，有延伸性和可塑性，并具有一定稳定性。

●（一）工艺流程●

生皮→打毛→浸水→去肉→脱脂→浸酸→醛鞣→搭马→加脂→干燥→铲软→梳毛→入库。

●（二）技术要点●

1. 生皮、打毛：即梳毛。主要是把生皮的被毛梳开，同时去掉混杂在被毛中的脱毛、草刺、粪块、尘土等杂质和污物。

2. 浸水：把清理后的原料皮完全浸没在清水中，板面向下，毛面向上，定时翻动。浸水量为 1 ∶ 8，水温以 18 ~ 20℃，淡干皮浸水时间为 20 ~ 24h，盐腌皮 4 ~ 8h。浸水后毛皮含水量应达 60% ~70% 。

3. 浸酸：浸酸要充分，以促使纤维更好地分离分散。酸液配制为：每升水加硫酸 5g、食盐 20g、芒硝 50g。浸酸时间为 16 ~ 24h。

4. 鞣制：选甲醛为鞣剂，鞣液配制为每升水加甲醛 6g、食盐 10g、芒硝 60g，鞣制时间 48h。

5. 干燥：加脂后兔皮含水量为 50% ~60%，应采用自然干燥或人工干燥，使皮张含水量降至 20% ~30%。

所获兔裘皮平均毛长 3.4cm，平均面积1 088cm²，收缩温度 80℃，撕裂强度 7.5N/mm²。裘皮毛被丰厚、飘逸，板质柔软、轻薄、透气、弹性好。

6. 铲软：用铲刀将皮板刮软，目的是使毛皮皮板纤维伸长，厚薄均匀、柔软丰满、清洁、美观。铲毛时，应从背部开始，向两侧和前后铲，防止铲得太薄。

7. 入库：缠结毛梳通后，即可打捆入库，存放于阴凉干燥处，同时在每张皮上放适量樟脑以防虫蛀。

七、生产明胶

（一）加工原理

明胶属蛋白质，存在于真皮结缔组织胶原纤维中的胶原蛋白是主要的成胶物质。胶原蛋白在常温下不溶于冷水和稀酸、稀碱溶液，但能溶胀、使纤维呈半透明状态，在水中一定时间加热，就能通过水解而成为明胶。

（二）生产方法

明胶生产的方法有碱法、酸法、盐法和酶法 4 种，目前普遍采用的是碱法生产，其工艺流程如下：原料→脱毛→预浸→脱脂→浸渍→洗涤→中和→熬胶→浓缩→干燥→成品。

1. 脱毛：原料皮经分类整理后，用 0.5% ~1% 硫化钠溶液浸泡脱毛。

2. 预浸：将脱毛后的原料皮再在1%的石灰水中预浸1～2d，除去污物后切成小块。

3. 脱脂：将预浸后的原料皮放入脱脂机内，利用水的冲击作用和高速铁锤的机械作用，清除脂肪和污物。

4. 浸渍：用2%～4%的石灰水，比重为1.015～1.035，pH值为12～12.5，温度为15℃左右，浸渍15～90d，浸渍后胶原纤维吸水膨胀、松散，内部结合力减弱，以便熬胶时进一步水解。

5. 浸渍后的原料皮用清水洗涤：以清除吸附的石灰，液比为1∶5～6（以湿皮重计），洗涤时间为12～16h，pH值为9～9.5。最初5h内，每半小时换水1次；以后每小时换水1次。

6. 中和：洗涤后用盐水中和剩余石灰，在水池或木桶内不断搅拌，并加入适量盐酸使pH值为2.5～3.5，开始时每半小时加酸调整1次，3h后每小时加酸调整1次，中和12～16h，排酸水洗8～10次。

7. 熬胶：先在熬胶锅内加入热水，放入原料缓缓升温至50～65℃，3～8h后放出胶液，清除锅底残渣、污物。再加热水，加温至60～70℃继续熬胶，最后在60℃左右滤出胶液，再用离心机分离除去油脂等杂物。

8. 浓缩：将稀胶液减压浓缩，如用冷热风空调干燥浓缩时，可浓缩至比重为1.05～1.08。经浓缩后的胶液，趁热加入过氧化氢或亚硫酸等防腐剂，在金属或模型盘中冷却至完全胶冻，切成薄片或碎块，干燥至含水量10%～12%即成。

第七章 肉兔养殖场筹建的成本核算及预计收益

本章以养400只基础母兔规模的养殖场为例进行成本核算和预计收益估算，因时间和地域差异，本例中所有参数和数据仅供参考。

第一节　肉兔场设计相关参数

一、工艺流程

主要工艺参数

1. 性成熟月龄：公兔4～5；母兔3～4。
2. 初配月龄：公兔7～8；母兔6～7。
3. 发情周期：7～15d。
4. 妊娠期：30～32d。
5. 哺乳期：28～40d。
6. 年产胎数：4～7胎。
7. 每胎产仔数：6～8只。
8. 仔兔初生重：50～70g。
9. 仔兔断奶重：大型兔1 000～1 500g；中型兔450～550g。
10. 仔兔断奶成活率：70%～85%。

11. 幼兔成活率：70% ~80%。

12. 公母比：1:(8~10)。

13. 成年兔体重：大型兔6kg以上，中型兔4~5kg。

14. 平均每天每只兔耗料量：150g。

15. 商品肉兔饲料转化率：(2.5~3):1。

二、兔群组成和周转

基础母兔400只，若公母比为1:8，则需公兔50只。种兔使用年限按3年算，则每年更新种公兔17只，种母兔134只，每年准备的后备种兔需151只左右。每年“春繁”和“秋繁”各用一次半密集繁殖（产后2周左右配种），其他时段用常规繁殖（断奶后1~2d内配种），保证每年至少产6胎，每胎产仔8只。存栏仔幼兔4 800只左右（年繁殖6~7胎，每胎存活6只，上市时间为65~75日龄，每年7、8月不配种），全年出栏量12 000~14 000只商品肉兔。

三、饲养管理方式

该肉兔家庭养殖场设计的劳动强度为两夫妻。采用室内笼养、自繁自养，投料、清粪等为人工操作。

四、兔场建筑种类和面积

该肉兔场设计两栋半开放双列式兔舍，用砖或钢管立柱，舍顶用彩钢加隔热层，四周无墙体。采用水泥预制件三层式

兔笼，兔笼为水泥预制件制作，每栋 360 个笼位，共 720 个笼位。室外粪污沟与雨水沟分离，中间为人行过道，用于工人清污通道，雨水直接滴入雨水沟内。全场雨污分流后，只有粪污进入粪污处理区处理。

设单独的兽医室、隔离室、饲料储藏室、管理办公室和宿舍。兔场饮水为地下水或井水，单独的蓄水池。建筑面积共 422.4m²，按建筑物占地 20% 计算，全场需要场地面积为 2 107m²（约 3.2 亩）。

表　400 只基础母兔家庭肉兔养殖场建筑物种类和建筑面积

建筑物名称	栋（间）数	每栋（间）面积（长×宽，m）	总面积（m²）
兔舍	2	39.0×3.8	296.4
隔离舍	1	5.0×3.8	19.0
消毒间	1	3.0×2.0	6.0
饲料间	1	4.0×4.0	16.0
饲草吹凉间	1	5.0×4.0	20.0
兽医室	1	4.0×4.0	16.0
管理办公室	1	4.0×4.0	16.0
粪污处理区	1	4.0×4.0	16.0
合计	10		405.4

第二节　兔场养殖成本核算及效益计算

一、投入成本的组成及计算

项目	年成本（万元）	计算标准
基建	2.0	包括兔舍、其他用房、粪污处理、道路、围墙和水电安装，兔舍采用轻质彩钢钢架结构、其他用房房顶为轻质彩钢、墙体用砖混结构。预计投入计25万元，使用年限10年，10年后按20%计算余值
兔笼及附设备	0.72	共800个笼位（包括隔离舍），兔笼用预制构件，每个兔笼附属设备包括饮水器、食槽、底板等。兔笼成本50元/个，使用年限10年；附属设备12元/笼，使用年限3年
种兔	1.5	引种进种兔共450只，每只按100元计算，使用年限3年，以后兔场自繁自养
电费	0.36	兔场用水为地下水，只产生电费，每月电费按300元计算
饲料费	26.22	种兔平均每天采食按100g/只，年出栏商品肉兔按13 000只算，每只商品兔消耗饲料按4.5kg（上市体重2kg）计算。后备种兔，每年150只，商品兔出栏后的后备期4个月左右。饲料价格按3.5元/kg计算
消毒、防疫、兽药费	1.5	种兔每年消毒、防疫、兽药费按5元/只计算，商品兔每只按1元/只计算
土地租赁费	0.48	按1 500元/亩．年算
年投入合计：	32.78	

二、产出组成及计算

项目	年产出（万元）	计算标准
肉兔	49.4	每只商品肉兔上市体重平均 2kg，每千克肉兔活重按 19 元/kg 计算
年产出合计：	49.4	

三、年收益计算

家庭肉兔养殖场的饲养管理为家庭成员，本例需固定 2 人（每人的工作量按饲养 200 只基础母兔及其商品兔上市计算）。兔粪用于生产沼气，沼液用于家庭种植业使用，故在此没有计算收入。本例中，家庭肉兔养殖场的经济效益为 16.53 万元，如果除去家庭成员的饲养管理劳务费（按3 000元/月）7.2 万元，本家庭肉兔养殖场年收入 9.42 万元（资金利息未计入）。

第八章 成功案例

第一节 案例

一、案例一：大学生创办家庭养殖场

四川省一大学生，本科毕业后先后在企业、事业单位工作，但他一心想自己创业，通过市场调研和向相关专家咨询后，发现养殖肉兔投资少、周期短、效益高，而且农村有丰富的饲草和农作物秸秆资源，决定从事肉兔养殖。他利用自己的积蓄，先租用了一套农村闲置房屋，因陋就简，购买50只种兔，使用简易铁丝兔笼，开始了肉兔养殖；他购买了养殖肉兔的书籍，平时，利用空闲时间学习肉兔养殖技术，遇到不能解决的问题便向其他养殖户请教或咨询养兔专家，第一年除去所有开销收入10 000余元。虽然第一年收入不多，但他却信心倍增，第二年租赁肉兔家庭养殖场一个（饲养300只基础母兔规模），在第一年的养殖经验的基础上，继续向专家请教，加强了引种、繁殖、饲养管理和疫病防控等环节，制定了较为科学的生产计划、兔群周转计划、饲料供应、牧草轮供以及肉兔销售等计划，由于第二年所引品种优良，除

销售8 500余只商品肉兔外还向当地农户出售了280余只种兔。该家庭养殖场第二年销售收入30余万元。除去场地租金、饲料、水电、引种（均摊到3年）等相关费用，盈利7万余元。经过几年的打拼，肉兔家庭养殖场已初具规模，每年纯收益达10万元以上。

二、案例二：返乡农民工创办家庭养殖场

重庆市一农民工，在外地打拼近5年时间，由于家里上有老、下有小，在农村乡下无人照顾，于是，下定决心回家创业，顺便还照顾家庭。经过多方面的市场调研，并征求相关人员的意见后，决定返乡从事肉兔养殖。回乡第一年利用自家畜禽养殖圈舍改建为肉兔养殖舍，购买种兔50只，一面购买肉兔养殖技术资料自学，一面向附近养兔能手请教；充分利用自家的玉米、甘薯、花生等农作物副产物，经过精心饲养管理，第一年实现盈利1.5万余元。第二年，新建兔舍一栋（400个笼位），再次引进种兔130只，由于第一年积累了一定的养殖经验，肉兔配种率、产活仔率明显提高，死亡率明显下降，并且能制定出较为合理的繁殖计划、肉兔生产计划和青饲料轮供计划，第二年销售商品肉兔6 000余只，销售收入20余万元。由于第一年和第二年的经验积累，基本掌握了肉兔养殖各环节的技术，第三年再次修建600个笼位的兔舍（2栋），制定了更加详细、更为科学的投资计划、生产计划、繁殖计划和饲料供应计划，同时针对各环节制定了相应的技术应对措施，并在自己养殖场和周边开始推广肉兔人

工授精，第三年销售商品肉兔11 000多只，种兔近500只，第三年销售收入40万余元，除去各种费用，盈利近10余万元。

第二节　案例分析

笔者对前面两例肉兔养殖成功案例进行了分析，对其成功经验总结如下，以供家庭养殖场投资者参考。

一、不盲目投资

两例案例中，投资前都进行了详细的市场调研，并咨询相关专业人员进行了可行性情况分析。从投资规模来看，先少量投资，然后逐步扩到投资，都没有一步到位；作为家庭养殖场，养殖人员主体是家庭成员，家庭成员对该行业的了解和养殖技术的掌握需要一定的时间，如果一开始大量投资建设规模较大的肉兔场，势必造成技术上和管理上跟不上兔场的需要，导致投资风险。

二、循序渐进地发展

两例案例的发展都是一步一步发展的，都是先小规模投资、认真学习养殖技术，再在掌握了基本的养殖技术后，逐步扩大投资和养殖规模。目前，有些刚从事养殖业的投资者注重规模效益，养殖规模过大，大部分的资金都投到场舍建设和设施设备上，而购买种兔、饲料和聘请养殖技术人员资金不足，导致养殖技术和品种质量跟不上，结果兔场闲置设备多，达不到预期投资的目的。这两例成功案例证明：新建肉兔家庭养殖场不盲目扩大规模，须根据自身的人力、物力逐步扩大投资和规模，使整个养殖过程中的技术和资金有保障，养殖场才能良性、持续发展。

三、学科学，用科学

这两个肉兔家庭养殖场，都把学习养殖技术放在了第一位。重视品种质量、科学的养殖技术和疫病防控方法，努力提高肉兔的配种率、产活仔数、育成率、出栏率等生产性能指标，针对实际情况提出科学的解决方案，最后两个家庭养殖场规模逐渐扩大，养殖效益越来越好。

四、制定科学的经营管理方案

两个肉兔家庭养殖场都制定了相应的投资计划、生产计划、兔群周转计划、饲料供应计划、牧草轮供计划以及肉兔销售、种兔淘汰更新等计划，使兔场产出最大化、投入最小化、运转科学化、效益最大化，并提前对肉兔的市场行情进行了调研和预测，根据市场行情，以销定产，最后养殖场养殖规模迅速扩大、养殖效益快速增加，养殖前景更加广阔。

附　　录

附表1　家兔营养需要量——推荐的日粮营养成分含量

项目 \ 生理阶段	生长兔		妊娠母兔	哺乳母兔	产毛兔	种公兔
	断奶至3月龄	4～6月龄				
消化能（MJ/kg）	10.46	10.46	10.04～10.46	10.88～11.3	10.0～11.30	10.04
粗蛋白质（%）	15～16	15～16	15～16	18	16	17～18
可消化粗蛋白质（%）	11～13	10～11	10.0～11.0	13.5	11	13
粗纤维（%）	14	16	14～15	12～13	13～17	16～17
粗脂肪（%）	3	3	3	3	3	3
蛋能比（g/MJ）	14.3～15.3	14.36～15.3	14.3～15.9	16.5～16.0	16.0～14.2	18.0
蛋+胱氨酸（%）	0.7	0.7	0.8	0.8	0.7	0.7
赖氨酸（%）	0.8	0.8	0.8	0.9	0.7	0.8
精氨酸（%）	0.8	0.8	0.8	0.9	0.7	0.9
钙（%）	1.0	1.0	1.0	1.2	1.0	1.0
磷（%）	0.5	0.5	0.5	0.8	0.5	0.5
维生素A（IU/kg）	8 000	8 000	8 000	1 000	6 000	1 2000
维生素D（IU/kg）	900	900	900	1 000	900	1 000
维生素E（mg/kg）	50	50	60	60	50	60

据《中国草食动物》，家兔日粮营养水平的综合评价及推荐的家兔饲养标准，2002

附表2　我国各类家兔的建议营养供给量

营养指标	生长兔		妊娠兔	哺乳兔	成年产毛兔	生长肥育兔
	3~12周龄	12周龄后				
消化能（MJ）	12.12	11.29~10.45	10.45	10.87~11.29	10.03~10.87	12.12
粗蛋白（%）	18	16	15	18	14~16	18~16
粗纤维（%）	8~10	10~14	10~14	10~12	10~14	8~10
粗脂肪（%）	2~3	2~3	2~3	2~3	2~3	3~5
钙（%）	0.9~1.1	0.5~0.7	0.5~0.7	0.8~1.1	0.5~0.7	1
磷（%）	0.5~0.7	0.3~0.5	0.3~0.5	0.5~0.8	0.3~0.5	0.5
赖氨酸（%）	0.9~1.0	0.7~0.9	0.7~0.9	0.8~1.0	0.5~0.7	1.0
蛋十胱氨酸（%）	0.7	0.6~0.7	0.6~0.7	0.6~0.7	0.6~0.7	0.4~0.6
精氨酸（%）	0.8~0.9	0.6~0.8	0.6~0.8	0.6~0.8	0.6	0.6
食盐（%）	0.5	0.5	0.5	0.5~0.7	0.5	0.5
铜（mg）	15	15	10	10	10	20
铁（mg）	100	50	50	100	50	100
锰（mg）	15	10	10	10	10	15
锌（mg）	70	40	40	40	40	40
镁（mg）	300~400	300~400	300~400	300~400	300~400	30~400
碘（mg）	0.2	0.2	0.2	0.2	0.2	0.2
维生素A（KIU）	6~10	6~10	6~10	8~10	6	8
维生素D（KIU）	1	1	1	1	1	1

注：由南京农业大学和杨州大学农学院根据我国养兔生产实际情况，参考国外有关标准制定

附表3 NRC（1977）兔的营养需要量（每千克日粮中的需要量）

项目	生长兔	维持兔	妊娠兔	泌乳兔
消化能（MJ/kg）	10.46	8.79	10.46	12.3～14.06
粗蛋白质（%）	16	12	15	17～18
粗脂肪（%）	2	2	2	2
粗纤维（%）	10～12	14	10～12	10～12
钙（%）	0.4	—	0.45	0.75
磷（%）	0.22	—	0.37	0.5
食盐（%）	0.65	—	0.5	0.65
钠（%）	0.2	0.2	0.2	0.2
氯（%）	0.3	0.3	0.3	0.3
镁（%）	0.03～0.04	0.03～0.04	0.03～0.04	0.03～0.04
钾（%）	0.6	0.6	0.6	0.6
赖氨酸（%）	0.65	—	0.6	0.8
蛋+胱氨酸（%）	0.6	—	0.5	0.56
组氨酸（%）	0.3	—	—	—
精氨酸（%）	0.6	—	0.6	0.8
异亮氨酸（%）	0.6	—	—	—
亮氨酸（%）	1.1	—	—	—
苏氨酸（%）	0.6	—	—	—
色氨酸（%）	0.2	—	—	—
苯+酪丙氨酸（%）	1.1	—	—	—
缬氨酸（%）	0.7	—	—	—
铁（mg）	100	—	100	100
锌（mg）	20	—	30	30
铜（mg）	3	3	3	3
碘（mg）	0.2	0.2	0.2	0.2
锰（mg）	8.5	2.5	2.5	2.5

（续表）

项目	生长兔	维持兔	妊娠兔	泌乳兔
VA（IU）	580	—	1 160	—
VD（IU）	1 000		1 000	1 000
VE（mg）	40		40	40
VK（mg）	1.0		0.2	1.0
烟酸（mg）	180	—	50	50
胆碱（mg）	1 200	—	1 300	1 300
VB_6（mg）	39	—	1.0	1.0
VB_{12}（mg）	10	—	10	10

附表4　法国AEC（1993）建议的兔养分需要量（每千克日粮中需要量）

项目	生长兔（4～11周）	泌乳及乳兔	项目	生长兔（4～11周）	泌乳及乳兔
消化能（MJ/kg）	10.46	10.46～11.3	苏氨酸（%）	0.9	0.9
粗蛋白质（%）	15	17	组氨酸（%）	0.3	0.4
粗纤维（%）	13	12	精氨酸（%）	0.2	0.22
钙（%）	0.8	1.1	异亮氨酸（%）	0.6	0.65
有效磷（%）	0.5	0.8	亮氨酸（%）	1.1	1.3
钠（%）	0.2	0.2	苯+酪丙氨酸（%）	1.1	1.3
赖氨酸（%）	0.7	0.75	缬氨酸（%）	0.7	0.85
蛋+胱氨酸（%）	0.6	0.65	色氨酸（%）	0.6	0.65

附表5　法国AEC（1993）建议的兔微量元素和维生素需要量（每千克日粮中的需要量）

项目	需要量	项目	需要量
铁（mg）	30	VK3（mg）	1
锌（mg）	30	烟酸（mg）	50
铜（mg）	5	胆碱（mg）	1 000
碘（mg）	1	VB_6（mg）	2
锰（mg）	15	VB_{12}（mg）	0.01
硒（mg）	0.08	VB_1（mg）	1
钴（mg）	1	VB_2（mg）	3.5
VA（IU）	10 000	泛酸（mg）	10
VD（IU）	1 000	叶酸（mg）	0.3
VE（mg）	30	生物素（mg）	1 000

附表6　家兔常用饲料营养价值表（参考）

饲料名称	干物质（%）	消化能（Mal/kg）	粗蛋白质（%）	粗纤维（%）	钙（%）	磷（%）	赖氨酸（%）	蛋+胱氨酸（%）
白三叶	17.7	2.01	3.9	3.5	0.25	0.08	0.16	0.15
芭蕉杆	4.3	0.33	0.3	1.1	0.03	0.01	0.01	0.01
草木樨	16.4	1.42	3.8	4.2	0.22	0.06	0.17	0.08
大白菜	6	0.79	1.4	0.5	0.03	0.04	0.04	0.04
胡萝卜秧	20	1.67	3	3.6	0.4	0.08	0.14	0.08
甘蓝	12.3	1.25	2.3	1.7	0.26	0.04	0.09	0.07

（续表）

饲料名称	干物质（%）	消化能（Mal/kg）	粗蛋白质（%）	粗纤维（%）	钙（%）	磷（%）	赖氨酸（%）	蛋+胱氨酸（%）
甘薯藤	13.9	1.63	2.2	2.6	0.22	0.07	0.08	0.04
灰菜	18.3	1.67	4.1	2.9	0.34	0.07		
红三叶	12.4	1.38	2.3	3	0.25	0.04	0.08	0.05
聚合草	12.9	1.67	3.2	1.3	0.16	0.12	0.13	0.12
菊苣	20	2.17	2.3	5.5	0.03	0.01	0.06	0.05
苦买菜	8.8	1.2	1.2	1.2	0.13	0.03	0.08	0.04
牛皮菜	9.7	0.88	2.3	1.2	0.14	0.04	0.01	0.06
绿萍	6	0.71	1.6	0.9	0.06	0.02	0.07	0.07
秣食豆草	19.3	2.26	4.8	3.8	0.38	0.05	0.19	0.11
苜蓿	29.2	2.84	5.3	10.7	0.49	0.09	0.2	0.08
千穗谷	15	1.50	2	5	0.22	0.03	0.07	0.05
苕子	15.6	1.71	4.2	4.1	0.12	0.02	0.21	0.13
水稗草	10	1.17	1.8	2	0.07	0.02		
水浮莲	4.1	0.50	0.9	0.7	0.03	0.01	0.04	0.03
水葫芦	5.1	0.59	0.9	1.2	0.04	0.02	0.04	0.04
水花生	10	1.17	1.3	2.2	0.04	0.03	0.07	0.03
甜菜叶	6.9	0.88	1.4	0.7	0.02	0.03	0.01	0.02
小白菜	7.9	0.92	1.6	1.7	0.04	0.06	0.08	0.03
蕹菜	9.1	0.84	1.9	1.5	0.1	0.04	0.09	0.06
紫云英	13.4	1.63	3.2	2.2	0.17	0.06	0.17	0.11
槐叶粉（干）	89.1	9.99	17.8	11.1	1.19	0.17	1.35	0.37
紫穗槐叶粉（干）	90.6	10.53	23	12.9	1.4	0.4	1.45	0.82
松树叶（鲜）	36.1	1.20	2.9	9.8	0.46	0.07		
桑树叶（鲜）	28.3	0.80	4	6.5	0.65	0.85		
榕树叶（鲜）	23.3	0.74	4	5.9	0.03	0.06		

（续表）

饲料名称	干物质（%）	消化能（Mal/kg）	粗蛋白质（%）	粗纤维（%）	钙（%）	磷（%）	赖氨酸（%）	蛋+胱氨酸（%）
茶叶（干）	89.6	2.91	25	18.1		0.02		
白菜青贮	10.9	0.79	2	2.3	0.29	0.07		
胡萝卜秧青贮	19.7	0.88	3.1	5.7	0.35	0.03		
甘薯藤青贮	18.3	1.00	1.7	4.5			0.05	0.05
甘蓝青贮	9.7	0.88	2.1	1.7	0.15			
马铃薯秧青贮	23	1.05	2.1	6.1	0.27	0.03	0.13	0.12
甜菜叶青贮	37.5	2.68	4.6	7.4				
玉米青贮	22.7	0.75	2.8	8	0.1	0.06	0.17	0.09
紫云英青贮	25	2.72	7.8	5.1				
胡萝卜	10	1.34	0.9	0.9	0.03	0.01	0.04	0.06
甘薯	24.6	3.85	1.1	0.8	0.06	0.07	0.05	0.08
甘薯干	87.9	13.63	3.1	3	0.34	0.11	0.13	0.08
白萝卜	8.2	1.05	0.6	0.8	0.05	0.03	0.02	0.02
马铃薯	20.7	3.26	1.5	0.6	0.02	0.04	0.07	0.06
木薯干	90.1	13.29	3.7	2.2	0.07	0.05	0.12	0.06
南瓜	10	1.30	1.7	0.9	0.02	0.01	0.07	0.08
甜菜	15	1.80	2.7	1.8	0.04	0.02	0.02	0.05
芜青甘蓝	11.5	1.55	1.6	1	0.06	0.05	0.05	0.03
西瓜皮	6.6	0.59	0.6	1.3	0.02	0.02	0.01	0.01
西葫芦	3	0.29	0.6	0.5	0.02	0.05	0.02	0.02
青干草粉	90.6	2.47	8.9	33.7	0.54	0.25	0.31	0.21
秋白草粉	85.2	3.93	6.8	27.5	0.21	0.16	0.29	0.36
苜蓿干草（日晒）	89.6	6.56	15.7	23.9	1.25	0.23	0.61	0.26
苜蓿干草（人工）	91	7.36	18	21.5	1.33	0.29	0.65	0.42
秣食豆秧	89	5.27	18.2	31.4	1.7	0.37	0.7	0.43

（续表）

饲料名称	干物质（%）	消化能（Mal/kg）	粗蛋白质（%）	粗纤维（%）	钙（%）	磷（%）	赖氨酸（%）	蛋+胱氨酸（%）
紫云英草粉	88	6.86	22.3	19.5	1.42	0.43	0.85	0.34
大豆秸粉	93.2	0.71	8.9	39.8	0.87	0.05	0.27	0.14
谷糠	91.1	4.68	8.6	28.1	0.17	0.47	0.21	0.25
花生藤	90	6.90	12.2	21.8	2.8	0.1	0.4	0.27
玉米秸粉	88.8	2.30	5.3	33.4	0.67	0.23	0.05	0.07
高粱秸粉	90	6.82	19.3	21.6	—	—	—	—
大麦	88	12.16	10.5	6.5	0.03	0.3	0.4	0.45
稻谷	88.6	9.49	6.8	8.2	0.03	0.27	0.27	0.3
高粱	87	14.09	8.5	1.5	0.09	0.36	0.24	0.21
裸大麦	87.4	13.84	10.7	2.2	0.07	0.32		
荞麦	87.9	11.08	12.5	12.3	0.13	0.29	0.67	0.65
碎米	87.6	14.67	6.9	0.9	0.14	0.25	0.24	0.36
小麦	86.1	13.59	11.1	2.2	0.05	0.32	0.35	0.56
小米	87.7	12.83	12	7.6	0.04	0.27	0.48	0.37
燕麦	89.6	12.00	9.9	9.7	0.15	0.23	0.58	0.12
玉米（北京）	88	14.34	8.5	1.3	0.02	0.21	0.26	0.48
玉米（黑龙江）	88.3	14.04	7.8	2.1	0.03	0.28	0.25	0.42
大麦麸	87	12.37	15.4	5.1	0.33	0.48	0.32	0.33
大麦糠	88.2	10.20	12.8	11.2	0.33	0.48	0.32	0.33
高粱糠	88.4	12.08	10.3	6.9	0.3	0.44	0.38	0.39
米糠	86.7	9.07	11.6	6.4	0.06	1.58		
统糠（三七）	90	3.18	5.4	31.7	0.36	0.43	0.21	0.3
统糠（二八）	90.6	2.09	4.4	34.7	0.39	0.32	0.18	0.26
小麦麸	87.9	10.58	13.5	10.4	0.22	1.09	0.67	0.74
细米糠	89.9	15.68	14.8	9.5	0.09	1.74	0.57	0.67

（续表）

饲料名称	干物质（%）	消化能（Mal/kg）	粗蛋白质（%）	粗纤维（%）	钙（%）	磷（%）	赖氨酸（%）	蛋+胱氨酸（%）
细麦糠	88.1	13.21	14.3	4.6	0.09	0.5	0.5	0.35
玉米糠	87.5	10.91	9.9	9.5	0.08	0.48	0.49	0.27
三等面粉	87.8	14.09	11	0.8	0.12	0.13	0.42	0.67
蚕豆	87.3	12.87	24.5	5.9	0.09	0.38	1.82	0.79
大豆	88.8	16.55	31.7	4.9	0.25	0.55	2.51	0.92
黑豆	91	16.39	37.9	5.7	0.27	0.52	1.6	0.56
豌豆	87.3	12.96	22.2	5.6	0.14	0.34	1.88	0.42
小豆	88	13.33	20.7	10.6	0.07	0.31	1.6	0.24
菜籽饼	91.2	11.58	37.4	11.7	0.61	0.95	1.18	2.18
豆饼	88.2	13.54	41.6	4.5	0.32	0.5	2.49	1.23
亚麻饼	90.5	10.91	31.1	13.5	0.45	0.54	0.77	0.5
花生饼	89.6	14.04	43.8	3.7	0.33	0.58	1.17	1.75
糠饼	91.5	10.74	13.6	11.7	0.07	1.87	0.54	0.92
棉仁饼	90.3	10.87	35.7	13.5	0.4	0.5	1.59	1.58
葵籽饼（带壳）	89	7.61	31.5	22.6	0.4	0.4	0.58	0.66
棉籽饼	92.3	11.54	32.3	12.5	0.36	0.81	1.15	1.09
椰子饼	91.2	11.20	24.7	12.9	0.04	0.06	0.54	0.53
亚麻籽饼	91.1	12.58	35.9	8.9	0.39	0.87	0.9	0.54
玉米胚芽饼	91.8	13.46	16.8	5.5	0.04	1.48	0.67	0.8
芝麻饼	91.7	14.00	35.4	4.9	1.49	1.16	0.76	1.69
豆粕	89.6	13.08	45.6	5.9	0.26	0.57	2.9	1.32
醋糟	35.2	4.72	8.5	3	0.73	0.28	0.27	0.55
豆腐渣	15	1.38	3.9	2.8	0.02	0.04	0.26	0.12
粉渣（豆类）	14	1.21	2.1	2.8	0.06	0.03		
粉渣（薯类）	11.8	1.25	2	1.8	0.08	0.04	0.14	0.12

（续表）

饲料名称	干物质（%）	消化能（Mal/kg）	粗蛋白质（%）	粗纤维（%）	钙（%）	磷（%）	赖氨酸（%）	蛋+胱氨酸（%）
酒糟	32.5	3.39	7.5	5.7	0.19	0.2	0.33	0.8
啤酒糟	13.6	1.38	3.6	2.3	0.06	0.08	0.14	0.19
甜菜渣	15.2	1.42	1.3	2.8	0.11	0.02	0.34	0.18
酱渣	35	3.80	11.4	3.3	0.07	0.03	0.53	1.41
牛乳	12.2	3.05	2.9	0	0.22	0.09	0.24	0.13
蚕蛹渣	90.5	12.71	69.7	0	0.3	0.77	3.61	3.63
鱼粉（秘鲁）	92	12.41	65.1	0	5.1	2.88	5.1	2.2
全脂奶粉	90	22.49	21.4	0	1.62	0.66	2.4	1.08
脱脂奶粉	92	13.75	30.9	—	1.5	0.94	2.6	1.4
血粉	89.3	10.91	78	—	0.3	0.23	7.04	2.47
酵母	91.7	12.21	47.1	—	0.45	1.48	2.57	0.27
鱼粉	91.3	11.41	53.6	—	3.1	1.17	3.9	1.62
贝壳粉					32.6			
蚕壳粉					37	0.15		
骨粉					30.12	13.46		
磷酸钙					27.91	14.38		
磷酸氢钙					23.1	18.7		
石粉					35	0		

摘自谷子林、薛家宾主编，《现代养兔实用百科全书》

参考文献

[1] 谷子林，高振华，等．样养獭兔多赚钱［M］．石家庄：河北科学技术出版社，2003.

[2] 郑艳华，张宝庆，等．庭院养兔［M］．北京：中国农业出版社，2002. 12.

[3] 李福昌．兔生产学［M］．北京：中国农业出版社，2009.

[4] 谷子林，薛家宾．现代养兔实用百科全书［M］．北京：中国农业出版社，2007.

[5] 张玉，时丽华，等．獭兔饲养技术［M］．北京：中国农业出版社，2006. 6.

[6] 谷子林，高振华，等．肉兔多繁快育新技术［M］．石家庄：河北科学技术出版社，2002.

[7] 周元军，周秀岩，等．獭兔饲养简明图说［M］．北京：中国农业出版社，2001. 10.

[8] 马国柱，马坚进．现代企业经营管理学［M］．上海：立信会计出版社，1998. 4.

[9] 李震钟．畜牧场生产工艺与畜舍设计［M］．北京：中国农业出版社，2000.

[10] 杜绍范，刘凤翥，等．养肉兔［M］．北京：农村读物出版社，1999. 7.

[11] 陈树林，孙志宏．家兔养殖新技术［M］．杨凌：西北农林科技大学出版社，2005.

[12] 郑军．养兔技术指导（第三次修订版）［M］．北京：金盾出版社，2006.

[13] 庞有志．家兔品种的选种与选育（下）［J］．中国养兔，2009，4：24－26.

[14] 靳胜福．畜牧业经济管理［M］．北京：中国农业出版社，2001.

[15] 桑英智．规模化肉兔场后备兔的选育与核心群的组建［J］．中国养兔，2003，4：15－16.

[16] 刘宁，江涛．兔舍环境调控技术［J］．中国畜牧杂志，2003，39（2）：58.

[17] 王万平，曹洪清．家兔选种的主要依据［J］．养殖技术顾问，2003，11：208.

[18] 庞有志．家兔品种的选种与选育（上）［J］．中国养兔，2009，2：26－29.

[19] 孟正平，杨爱祥．家兔粪便的价值与利用［J］．中国养兔杂志，1996（1）：34－63.

[20] 陈博，雷雪飞，等．家兔脏器生化药物的研究现状［J］．中国养兔杂志，2009，6（6）：6－8.

[21] 庞有志，李宏伟．家兔脏器生化药物与生产开发［J］．畜禽业，2001（9）：62－63.

[22] 雷振芳．兔粪的综合利用方法［J］．广西畜牧兽医，2009，25（5）：293－295.

[23] 周国安，娄志荣．兔粪利用及无害化处理［J］．中国养

兔, 2011 (6): 16－17.

[24] 陈树声, 霍健聪. 缠丝兔的加工 [J]. 中国养兔杂志, 2005 (6): 29－30.

[25] 吴照民. 带骨兔肉脯的加工与贮藏 [J]. 食品科技, 2003 (10): 44－45.

[26] 王卫, 郭晓强. 灯影兔肉的加工技术 [J]. 肉类研究, 1999 (3): 23－25.

[27] 郝教敏, 杨启超. 高纤维兔肉脯加工技术研究 [J]. 山西农业大学学报 (自然科学版), 2012, 32 (2): 176－181.

[28] 崔震昆, 李双琦, 等. 麻辣风味兔肉加工工艺的研究 [J]. 农产品加工. 学刊, 2008 (10): 16－18.

[29] 王东民, 郑诗超, 等. 麻辣兔脯的加工工艺 [J]. 肉类工业, 2003 (12): 17－19.

[30] 王卫, 李翔, 等. 酶解加工多肽兔肉松工艺 [J]. 食品科学, 2011, 32 (4): 333－336.

[31] 张治中, 赵丽平. 獭兔肉保鲜加工新技术研究 [J]. 农产品加工, 2008 (10): 66－67.

[32] 蒋云升, 闫婷婷, 等. 兔肉发酵火腿的研制 [J]. 扬州大学烹饪学报, 2010 (1): 38－42.

[33] 康怀彬, 张敏, 等. 兔肉发酵火腿的研制 [J]. 兔肉糕加工技术的研究与开发, 2005, 26 (5): 117－119.

[34] 刘玉荣. 板兔的加工技术 [J]. 肉类工业, 2001 (1): 28－29.